人人伽利略系列 10

用數學了解宇宙

只需高中數學就能計算整個宇宙！

人 人 出 版

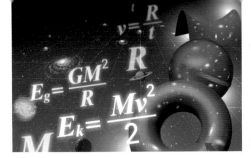

人人伽利略系列10

用數學了解宇宙

只需高中數學就能計算整個宇宙！

執筆 祖父江義明

綜觀一下宇宙的整體面貌吧！

在進入宇宙的計算之前，先介紹一下宇宙的整體面貌。就像恆星聚集形成星系，星系聚集形成星系團，宇宙是由層級構造所組成。想像一個巨大的階梯會比較容易理解。那麼，現在就讓我們竭盡想像的可能，從浩瀚無邊的宇宙開始逐層往下看吧！

1 宇宙

這是一個浩瀚寬廣的時空。老實說天文學家還不清楚它究竟有多大，僅能將我們可查覺的部分稱為可觀測宇宙。以插圖所繪的尺度來看，是一個幾乎看不到任何東西的均勻世界。但是，近年來逐漸明白，從宇宙初期就已經有10萬分之1左右的不均勻了。

2 宇宙的大尺度結構

把宇宙局部放大之後，就可以看到其中有朦朦朧朧的東西存在，稱為「**宇宙的大尺度結構**」。這些朦朦朧朧的東西是由無數個星系所組成，像纖維一般的構造。整個結構隨著宇宙的膨脹而逐漸擴張開來。纖維結構彼此之間的空間稱為「**空洞（cosmic void）**」，其中幾乎看不到任何星系存在。一般的空洞直徑大約1億～3億光年，特別大的空洞稱為「**超空洞（supervoid）**」。

3 超星系團

把遍布宇宙的大尺度結構再放大來看，其中可見無數個星系群聚在一起的模樣，這稱為「**超星系團**」。直徑大約1億～數億光年。超星系團裡面的星系分布並不均勻，各自三五成群，集結成巨大的星系團。

4 星系團

把超星系團裡面各自集結的星系團再放大來看，原本看起來只是一個個的點，現在已經能夠分辨出是星系，其中有橢圓星系、帶螺旋臂的螺旋星系等等。這種星系的大集團稱為「**星系團**」，半徑大約500萬～1000萬光年。

星系團由1000個以上的星系組成。除了星系之外，星系團裡還充滿了高達全部星系質量10至100倍但看不到的質量。這種質量來自被稱為「**暗物質**」的不明物體。

各個星系以秒速1000公里左右的速度各自運動，在星系團中繞轉。一個星系在星系團中繞行一圈約要花上10億年的時間。

宇宙的整體面貌

為了容易了解可觀測的廣大宇宙，不妨把它分成若干個層級分別探討。本圖所示為分成①宇宙、②宇宙的大尺度結構、③超星系團、④星系團、⑤星系群、⑥星系、⑦星系的螺旋構造、⑧夜空中的星星、⑨太陽系等層級的宇宙整體面貌。

② 宇宙的大尺度結構

星系長城

超空洞

④ 星系團

① 宇宙

幾近均勻的世界

③ 超星系團

5　星系群

星系的群體之中，有些群體的規模比星系團小很多，只擁有數十至100個左右的星系，這種群體稱為「星系群」，半徑大約100萬～200萬光年。

我們的**銀河系**也和**仙女座星系**及其他幾個星系組成一個星系群，稱為「**本地群**」。每一個星系的周圍都有一些稱為「**衛星星系**」的小星系繞著它運轉。銀河系已知的衛星星系有**大麥哲倫星系**和**小麥哲倫星系**等。

6　星系、銀河系

把星系群再放大至可以清楚地看到星系的形狀。例如我們居住的星系（銀河系），半徑大約 5 萬光年，質量為太陽質量的 1 兆倍以上。銀河系是由數千億顆恆星組成的大圓盤。

銀河系的圓盤周圍有許多「**球狀星團**」在繞轉，形成半徑25萬～40萬光年的球狀區域「**銀暈**」。銀河系由中心附近的球形區域「**核球**」和「**圓盤**」共同組成，整體呈現凸透鏡的形狀。圓盤的厚度大約1000光年，核球的半徑大約7500光年。銀河系中心隱藏著黑洞。

7　銀河系的螺旋構造

銀河系中飄浮著大量的「**星際氣體**」和「**暗星雲**」。藍白色年輕恆星和星際氣體密集聚在螺旋臂中。旋臂呈螺旋狀展開，越向外相距越遠，每條螺旋臂的長度都超過 1 萬光年。

8　夜空中的恆星

銀河系中有數千億顆恆星，太陽就是其中之一。讓我們貼近太陽看個仔細吧！太陽和周圍恆星的平均距離為數光年左右。我們憑肉眼能夠看到的恆星大約6000多顆，其中大半距離太陽100～1000光年左右。恆星除了繞行銀河系中心運動之外，同時也以不同的速度在遊走，它們的平均速度為秒速30公里左右。

組成星座的明亮恆星，大多是近距離的恆星。距離太陽最近的恆星是比鄰星（**半人馬座 α 星 C**），距離為4.2光年。全天空最明亮的**天狼星**為負1.5等，距離太陽8.6光年，是離太陽第5近的恆星。

9　太陽系

終於來到了太陽系。太陽系擁有8顆行星，最遠的海王星軌道半徑為45億公里左右，地球的軌道半徑則只有 1 億5000萬公里左右。

以上，把整個宇宙的各個層級大致瀏覽了一遍。從下一章開始，我們要沿著宇宙的層級，一邊做宇宙的計算，一邊由下而上逐層深入地探究。

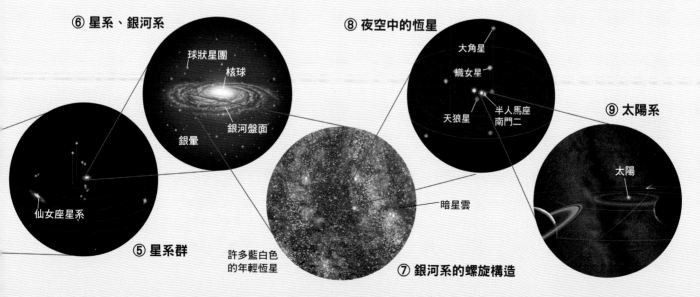

⑥ 星系、銀河系
球狀星團
核球
銀河盤面
銀暈
仙女座星系
⑤ 星系群
許多藍白色的年輕恆星
⑦ 銀河系的螺旋構造
暗星雲
⑧ 夜空中的恆星
大角星
織女星
天狼星
半人馬座南門二
⑨ 太陽系
太陽

務必記住的基本「物理量」

在學校測量身體時的基本量是「身高」、「體重」、「年齡」。這點對於宇宙和天體也是一樣，最重要的是下列這三個數值。

大小：R（例如半徑）

質量：M

時間：t（年齡、旋轉週期等等）

知道了這三個數值，就能藉由這些數值的組合，求算出以下的數值。

速度：$v = \dfrac{R}{t}$

能量之中的

動能：$E_k = \dfrac{Mv^2}{2}$

重力位能：$E_g = \dfrac{GM^2}{R}$

（G為萬有引力常數）

除此之外，還有「熱能」、「靜止能量」。天體在單位時間內放出的能量（「光度」，所謂的亮度）如下所述。

光度（亮度）：$L \sim \dfrac{E}{t}$

（～這個符號是指兩邊以大約1個位數的精度相符即可）

除了以上列舉的數值之外，「天體的形狀」、「活躍性」等特質也是了解天體的關鍵所在。以人類來說，就像除了身高、體重、年齡之外，一個人的「個性」、「容貌」、「體能」等等也是了解這個人的要素。

在天文學上，當天體及現象能轉化為上述三個基本物理量，或這些物理量的組合，而以數值來表示時，才算是掌握到了「理解」的基本線索。

在單位方面，除了「CGS制」（公分、公克、秒）和「MKS制」（公尺、公斤、秒）之外，也採用天文學特有的單位，例如時間以「年」，長度以「天文單位」、「光年」或「秒差距」（約3.26光年），質量以太陽作為測定的基準。

本書出現的主要物理量

符號	意義	MKS單位制	CGS單位制
$R_\oplus$	地球的（赤道）半徑	6.3781366×10^6 m	6.3781366×10^8 cm
$M_\oplus$	地球的質量	5.972×10^{24} kg	5.972×10^{27} g
G	萬有引力常數	6.674×10^{-11} m$^3 \cdot$kg$^{-1} \cdot$s^{-2}	6.674×10^{-8} cm$^3 \cdot$g$^{-1} \cdot$s^{-2}
g	重力加速度	9.80665 m$\cdot$s^{-2}	980.665 cm$\cdot$s^{-2}
c	光速	2.99792458×10^8 m$\cdot$s^{-1}	$2.99792458 \times 10^{10}$ cm$\cdot$s^{-1}
$R_\odot$	太陽的半徑	6.960×10^8 m	6.960×10^{10} cm
$M_\odot$	太陽的質量	1.9884×10^{30} kg	1.9884×10^{33} g
	地球的軌道半徑	$1.495978707 \times 10^{11}$ m $=$ 1AU	$1.495978707 \times 10^{13}$ cm
σ	史特凡－波茲曼常數	$5.670367(13) \times 10^{-8}$ W$\cdot$m$^{-2} \cdot$K^{-4}	$5.670367(13) \times 10^{-5}erg\cdot$cm$^{-2} \cdot$K$^{-4} \cdot$s^{-1}
$S_\odot$	太陽常數（太陽光的強度）	1.37 kW$\cdot$m^{-2}	1.37×10^6 erg$\cdot$cm$^{-2} \cdot$s^{-1}
$L_\odot$	太陽的光度	3.85×10^{23} kW	3.85×10^{33} erg$\cdot$s^{-1}

天文用的單位是什麼？

在日常生活中，我們測量物體時會使用各式各樣的單位。因應不同的場合，分別有適合的單位可供採用，例如長度有公尺、公分、尺、英里……，重量有公斤、公克、斤、磅……，時間有秒、分、時、日、月、年……，溫度有攝氏（℃）、華氏（℉）、克耳文（K）……，速度有秒速、時速……。此外，還有能量、亮度、壓力、密度、電流、磁場、金錢……。每種事物都有它的單位，而且依國家及語言不同而有各種差異變化，可謂多不勝數。通常我們會依照使用者及使用場所、使用對象等因素來考量，採用比較方便合宜的單位。

天文學的情況也是一樣。研究者基本上會採用的單位是「國際單位制」（SI，Système International d'Unités）。SI是把長度、質量、時間、溫度、電流、物量（莫耳）、光度這7種量，以及利用它們的組合（乘法和除法）來表示的物理量，作為單位使用。

最基本的長度、質量、時間，通常採用公尺（m）、公斤（kg）、秒（s）的「**MKS制**」，或是公分（cm）、公克（g）、秒（s）的「**CGS制**」。筆者獨鍾CGS制，但讀者們或許比較習慣MKS制，不過在本質上兩者之間並沒有什麼差異。

天文學經常使用的單位

天文學處理的對象非常巨大，所以會因應各種天體的尺度，挑選方便的單位來使用。距離（長度）的單位，有大家熟悉的「光年」，例如：最靠近我們的恆星距離為4.2光年、宇宙的可觀測視距為138億光年等等。但是，在研究論文中，通常不使用光年，而是使用「公分」或「秒差距」（pc，以地球軌道半徑1.5億km為底線測量所得視差，以角秒為單位的倒數值）。質量則大多使用「公克」或「太陽質量」（$=2\times10^{33}$g），時間大多使用「年」。

同樣是長度，在測量電磁波的波長時，無線電波使用「公分」或「公尺」，紅外線使用「微米」（μm，1μm $=10^{-6}$m $=10^{-4}$cm），光使用「奈米」（nm，1nm $=10^{-9}$m $=10^{-7}$cm）或「埃」（Å，1Å $=10^{-8}$cm）。紅色的Hα射線的波長為656.3nm$=$6563Å。此外，X射線及伽瑪射線則使用與波長的倒數成正比的能量。

長度和時間可以組合成為速度，通常使用秒速km·s^{-1}。「哈伯常數」把秒速和Mpc（百萬秒差距）組合起來，記成H$_0=71$ km·s^{-1}·Mpc^{-1}。

亮度（光度）是以「爾格/秒」（erg·s^{-1}，1erg$=10^{-7}$J）」來表示單位時間的輻射量。如果改為MKS制，則記成「瓦特（W）$=$焦耳/秒（J·s^{-1}）」。此外，也有以太陽的光度（3.8×10^{33}erg·s^{-1}）為單位，而記成「多少太陽光度」的方法。在許多場合，也會使用以對數來表示的絕對星等。

溫度是以「絕對溫度」來表示，單位為K（克耳文）。溫度乘上「波茲曼常數」即成為能量，所以對於原子、電子等粒子，有時候不用溫度，而改用每一粒子的能量來表示。

忘記了就用計算來回想吧

在本書中，會依情況交錯採用基本的單位制和天文用的單位制。習慣之後就不會覺得困惑，萬一忘記了，也可以利用簡單的計算來回想。例如，光年為

$c\times1$年

$$= 300,000 \text{ km} \cdot \text{s}^{-1}$$
$$\times 365 \times 24 \times 60 \times 60$$
$$= 9.46 \times 10^{12} \text{ km}$$
$$= 9.46 \times 10^{17} \text{ cm}$$

1pc（秒差距）為

1.5億 km/（1角秒）
$$= \frac{1.5 \times 10^{13}}{\pi/(180 \times 60 \times 60)}$$
$$= 3.086 \times 10^{18} \text{ cm}$$

熟悉一下「天文數字」慣用的對數與指數！

　　我們經常聽到「天文數字」這樣的說法。究竟要多大的數才能稱為天文數字，並沒有明確的標準，但總而言之，就是很大的數。但這似乎又不是無限大的意思。億還早得很，至少也要超過百億、千億乃至於兆，才稱得上是天文數字吧！不！不！好像有人說要到京才行。那麼，天文學中最大的數到底有多大呢？

　　許多人馬上會聯想到的，應該是宇宙的大小吧？宇宙的大小、尺寸，亦即宇宙的半徑，這個數究竟有多大呢？大家立刻會想到是138億光年。

大數、小數的記法

指數	詞頭	中文名稱
10^{24}	Y（yotta）	佑
10^{21}	Z（zetta）	皆
10^{18}	E（exa）	艾（百京）
10^{15}	P（peta）	拍（千兆）
10^{12}	T（tera）	兆
10^{9}	G（giga）	吉（十億）
10^{6}	M（mega）	百萬
10^{3}	k（kilo）	千
10^{2}	h（hector）	百
10^{1}	da（deca）	十
10^{-1}	d（deci）	分（十分之一）
10^{-2}	c（centi）	厘（百分之一）
10^{-3}	m（milli）	毫（千分之一）
10^{-6}	μ（micro）	微（百萬分之一）
10^{-9}	n（nano）	奈（十億分之一）
10^{-12}	p（pico）	皮（一兆分之一）
10^{-15}	f（femto）	飛（一拍分之一）
10^{-18}	a（atto）	阿（一艾分之一）
10^{-21}	z（zepto）	介（一皆分之一）
10^{-24}	y（yocto）	攸（一佑分之一）

使用「指數」、「詞頭」（放在單位符號前面）、「中文名稱」來表示10進位的倍量與分量。

常用對數與自然對數

常用對數：以 10 為底的對數 $\log_{10}x$。常用對數的底（10）通常省略，記成 $\log x$。

自然對數：以納皮爾常數 e（2.718281…）為底的對數 $\log_e x$。也記為 $\ln x$。

本書使用 $\log x$ 和 $\ln x$ 這兩種符號。

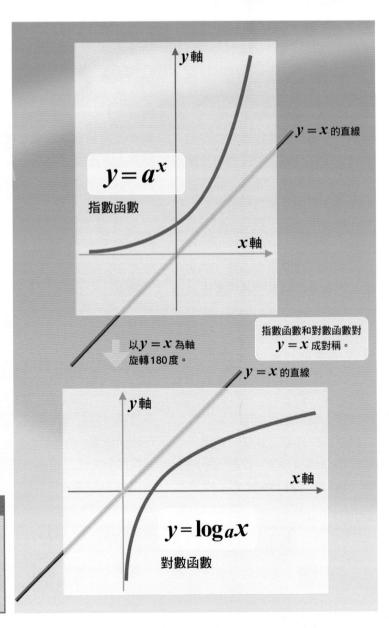

$y = a^x$

指數函數

$y = x$ 的直線

以 $y = x$ 為軸旋轉180度。

指數函數和對數函數對 $y = x$ 成對稱。

$y = x$ 的直線

$y = \log_a x$

對數函數

光 1 秒鐘行進 30 萬公里＝300 億公分。1 年有 3153 萬 6000 秒，所以 138 億光年為

$$r = 30000000000$$
$$\times 13800000000$$
$$\times 31536000 \ cm$$
$$\sim 13000000000000000000$$
$$000000000 \ cm$$

這個數字真是驚人。通常會用指數來表示，把它記成 $1.3 \times 10^{28} cm$。如果進一步用對數來表示，則把它記成 $\log r \ 〔cm〕$ ＝28.116，變成一個普通的數字。

宇宙的體積又是如何呢？

$$V = \frac{4\pi r^3}{3}$$
$$\sim 90000000000000000000$$
$$000000000000000000000$$
$$000000000000000000000$$
$$000000000000000000000$$
$$00000 \ cm^3$$

用指數來表示的話，把它記成 $9.3 \times 10^{84} cm^3$；再進一步用對數來表示，則記成 $\log V \ 〔cm^3〕$ ＝84.97，也是變成了一個普通的數字。

在這裡，稍微複習一下指數和對數的定義吧！對於任意的數 x 與 y，

$$10^x \times 10^y = 10^{x+y},$$

$$\frac{10^x}{10^y} = 10^{x-y},$$

$$\log xy = \log x + \log y,$$

$$\log \frac{x}{y} = \log x - \log y,$$

$$\log x^n = n \log x$$

利用指數和對數，能使乘法、除法變得比較容易。計算宇宙的質量等時也是一樣。把平均密度 $\rho = 5 \times 10^{-29} g \cdot cm^{-3}$ 乘上體積 V 可求出質量 M

$$M \sim \rho V$$
$$\sim (9.3 \times 10^{84}) \times (5 \times 10^{-29})$$
$$\sim 5 \times 10^{56} \ g$$

或者，也可以用對數記成 $\log M$ 〔g〕~ 56.7。

日常生活中也能用到的指數和對數

以下舉一些身邊的例子！例如，1 公升的水含有多少水分子呢？如果知道水分子的重量，只要把 1 公斤除以這個重量就好。水的分子式為 H_2O，氫的原子量為 1，氧的原子量為 16，所以水分子的分子量約 18。它的重量（質量）約 18 乘上氫原子質量的值。氫原子質量 m_H 為 1.6×10^{-24} 公克，所以水分子的質量約為 3×10^{-23} 公克。因此，1 公升的水大約含有 $1000 \div (3 \times 10^{-23}) \sim 3 \times 10^{25}$ 個水分子。

我們的身體有 7 成是水，所以把這個值乘上體重，就可以得知我們的身體大概含有多少個分子。游泳池中有多少個水分子？海洋呢？沙灘上有多少粒沙子？諸如此類，把讀者想得到的各種數值逐一計算看看的話，一定會很有趣哦！

像這樣，再大的數也可以用指數把它記成 10 的幾次方，或者取它的對數，就可以把它變成普通的數字進行處理（記起來）。這和金錢的感覺十分相似，1 元、十元、百元、千元、萬元……億元……國家預算十兆元……全球 GDP 千兆元等等，都是使用指數或位數來表示的。

採用對數的值（取 log 的值），在日常生活感覺中也沒有違和之處。例如，在表示聲音和電波的程度時，會使用「分貝」（dB）這個符號。這是取聲音強度或電波強度（波的振動能量）的對數再乘上 10 倍的值。增加 10 分貝就相當於 10 倍，增加 20 分貝就相當於 100 倍。

同樣地，用於表示地震規模大小的「地震規模」這個單位，每增加 1 個地震規模就相當於震源釋放的能量增加 30 倍，亦即記成「30m」。

在天文學上，恆星的星等也是用對數表示（詳見第 2.2 節）。在這裡要注意的是，星等採取逆向的數法，恆星越明亮則其星等越減少。亮度增 100 倍則「減」5 等，亦即以 2.54^{-m}（若 $m = 5$ 等，則為 100 分之 1 倍）來表示亮度。夜空中若隱若現的無數小恆星為 6 等，全天最明亮的天狼星為 −1.5 等，太陽為 −27 等。

不過，在日常生活中，也有一些場合同樣採行這種逆向的數法。例如，交通工具的票價分成一等、二等、三等，等級越少，費用越高。還有各項比賽的名次有第一名、第二名、第三名，名次越減，成績越好。

此外，在日常生活中，關於等級的觀念也是混雜在一起，有些場合是越大（越好）越增加，有些場合則相反，這兩者並行而不悖，想起來也是十分有趣。

天文學家並沒有刻意採取特別的數法，只是因為一直在思考宇宙的事情，所以習慣了上述的數法。總是在思考微觀的世界、巨觀的世界，或是奈米級世界的科學家及研究者們，應該也是運用相同的思考迴路吧！這是一個熟能生巧的世界。　🪐

1

太陽系

地球擁有多大的體積、多大的質量呢？太陽的溫度有多高、壽命又有多長呢？在第 1 章，將利用牛頓的「萬有引力定律」等法則，計算地球、月球及太陽。此外，也將利用簡單的計算，依循「克卜勒第三定律」，調查一下太陽和行星的距離，以及各個行星適合居住的程度。

算算看地球的半徑！

從古希臘時代，人們就知道地球不是無限寬廣的平地，而是一顆圓形的球體，這是從希臘前往南方的埃及旅行的科學家察覺到的事實。夏至當天中午的太陽位置，在希臘並不是位於正上方，但是在埃及卻是位於正上方，使得太陽光能夠射抵深井的底部。由此可知，地表不是一個平面，而是曲面。

古人已經知道，船隻出港逐漸駛向遠方的時候，首先是船身隱沒在海平線下方，最後才是船桅的頂端。由這個事實，應該也可以知道，海面是彎的，亦即地球是圓的。

到了現代，當然不再有人懷疑從人造衛星及太空站看到的圓形地球。那麼，讓我們來測量地球的半徑吧！

首先，利用地圖調查南北兩個相隔遙遠的地點之間的距離（地面的距離，是先在各座山上設立三角點，把它們連成一個大網，再利用「三角測量法」（詳見第1.3節）進行測量。例如，札幌和東京，或札幌和鹿兒島都行，設這兩個地點的南北分量的距離為 d。在這兩個地點測量同一顆星星的中天高度，會得到不同的結果。設各個地點測到的中天高度分別為 h_1、h_2，則它們的差 $\varDelta = h_2 - h_1$ 就是這顆星星的中天高度差，也就是 2 個地點間的緯度差。在這裡，角度 $\varDelta$ 是以「弧度（rad）」作為測量的單位。

弧度在後面還會屢屢出現，因為很重要，所以先做個簡單的說明吧！不用度和分，而用圓弧長度來表示角度大小的單位，就是弧度。在半徑為

地球半徑的求法

從地面上相隔遙遠的南北 2 個地點 A、B 測量同一顆恆星的中天高度。設測得的結果為 h_1、h_2，則 h_1 和 h_2 的差 $\varDelta$ 等於 $\angle AOB$。利用地圖調查AB間的南北距離分量 d，則由（1.1）式可得 $d = R_\oplus \times \varDelta$，所以可利用 $R_\oplus = d \div \varDelta$ 求算地球的半徑 $R_\oplus$。

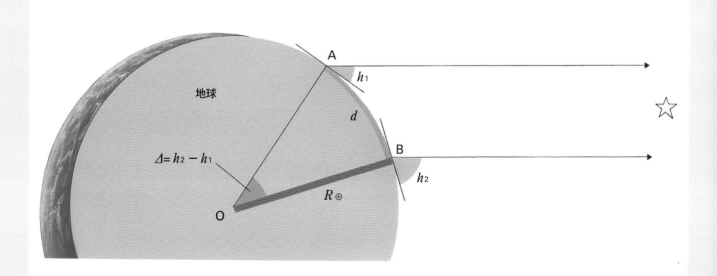

1 的圓上取一段圓弧，假設其長度為 a，則該圓弧所對的圓心角的角度就是「a 弧度」。如果圓的半徑為 L，則 a 弧度的圓心角所對的圓弧，其長度為

$$圓弧長度 = a \times L \qquad (1.1)$$

又，度和弧度的換算式為

$$\mathrm{rad} = \frac{2\pi}{360} \times 度$$

因此，設地球的半徑為 $R_\oplus$，由（1.1）式可得 $d = \Delta \times R_\oplus$，所以可利用

$$R_\oplus = \frac{d}{\Delta}$$

來求算。

日本科學家伊能忠敬在江戶時代就已經想到利用這個方法求算地球的大小。Δ 藉由天文觀測求得，d 利用江戶的淺草至深川自宅的距離計算出大略的值。為了提高精度（為了增大 d），更在幕府天文方（東大天文教室的前身）高橋至時的指導下，遠征到蝦夷（北海道）。它的副產品就是製作了有名的日本地圖。

地球的大小和公尺的關係

除此之外，還有更簡單的方法可以求算地球的半徑。公尺這個長度單位，原本是以赤道地區的地球圓周為 4 萬公里定義而成。因此，設地球的半徑為 $R_\oplus$，則 $2\pi R_\oplus = 40000$，所以

$$R_\oplus = \frac{40000}{2\pi} \fallingdotseq 6370 \text{ km}$$

萬萬沒有想到，我們日常生活中所使用的長度單位，竟然是依據地球的大小而決定的。順帶一提，更正確的地球半徑是6378公里。

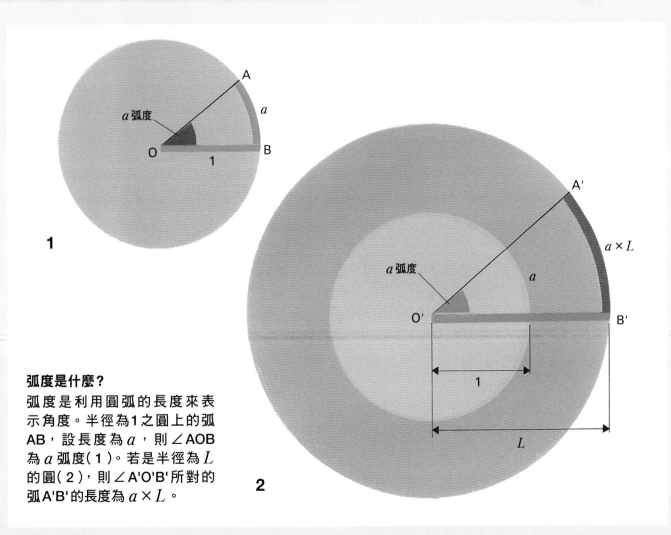

1

2

弧度是什麼？

弧度是利用圓弧的長度來表示角度。半徑為1之圓上的弧 AB，設長度為 a，則 ∠AOB 為 a 弧度(1)。若是半徑為 L 的圓（2），則 ∠A'O'B' 所對的弧 A'B' 的長度為 $a \times L$。

簡單地估算地球的質量！

在第1.4節將會說明如何依據天文學的一般方法，測量天體的質量。而若單就地球而言，只要利用大家非常熟悉的方法就能知道它的質量，能夠做到這一點，是因為重量及重力的單位和地球的質量有著密切的關係。

在第1.1節求出了地球的半徑 $R_\oplus$。因此，可以藉由測量地球對一個放在地面上（亦即半徑 $R_\oplus$ = 6378公里的位置）之物體所施加的重力（該物體的重量），求算地球的質量。

地球的重力，就等同於地球吸引該物體的引力。設地球的質量為 $M_\oplus$，地面上的物體的質量為 m，則兩個物體（地球與該物體）之間有以下的力 F（引力或萬有引力）在作用。

$$F = G \frac{M_\oplus m}{R_\oplus^2} \qquad (1.2)$$

這稱為「**萬有引力定律**」（牛頓定律）。其中的 G 稱為萬有引力常數，它的值為 6.674×10^{-11} $m^3 \cdot kg^{-1} \cdot s^{-2}$。

另一方面，作用於這個地面上質量 m 之物體的力 F，也可以使用地表的「**重力加速度 g**」（ g = 9.807 $m \cdot s^{-2}$，也稱為1G[※]）記成

$$F = mg \qquad (1.3)$$

這裡所說的重力加速度，是指「**由於重力而使自由落下物體的速度每秒鐘增加的量**」，亦即「加

求算地球質量的簡單方法

地球和物體之間有萬有引力在作用。這個引力等同於地球對物體施加的重力，所以只要測量施加於物體的重力加速度（g[※]），就能算出地球的引力。已知與地球的距離（地心的距離）為6378公里，所以可利用萬有引力定律計算地球的重量（質量）M。

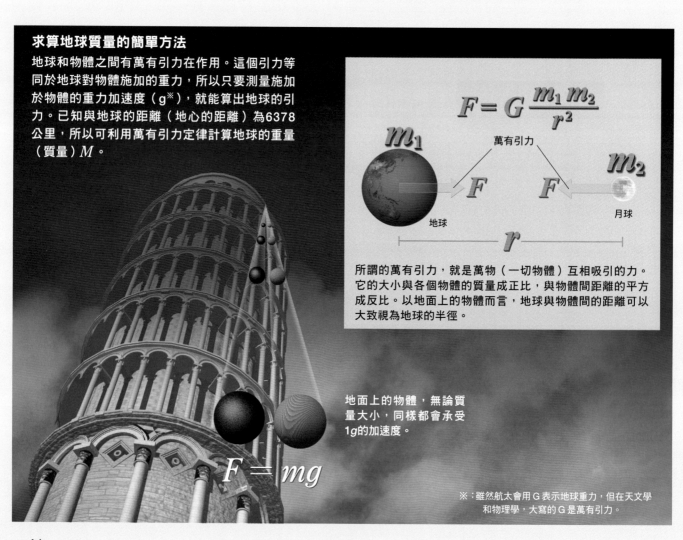

$$F = G \frac{m_1 m_2}{r^2}$$

萬有引力

m_1　地球　　F　　F　　m_2　月球

r

所謂的萬有引力，就是萬物（一切物體）互相吸引的力。它的大小與各個物體的質量成正比，與物體間距離的平方成反比。以地面上的物體而言，地球與物體間的距離可以大致視為地球的半徑。

$F = mg$

地面上的物體，無論質量大小，同樣都會承受1g的加速度。

※：雖然航太會用G表示地球重力，但在天文學和物理學，大寫的G是萬有引力。

速幾公尺每秒每秒」。在地面上，自由落下的速度每1秒鐘會增加（加速）9.8公尺。

根據（1.2）式和（1.3）式，把重力 F 和物體的質量 m 消去，可以算出地球的質量 $M_\oplus$ 為

$$M_\oplus = \frac{gR_\oplus{}^2}{G}$$
$$= \frac{9.807}{6.67 \times 10^{-11}} \times (6378 \times 1000)^2$$
$$\fallingdotseq 6.0 \times 10^{24}\,\text{kg}$$

此外，由上述可知，地面上的重力加速度（1 G＝g）也可以使用地球的質量和半徑記成

$$g = G\frac{M_\oplus}{R_\oplus{}^2}$$

重力加速度的測量方法

接著，來談談地面上的重力加速度 g 的測定方法吧！從距離地面高度為 h 的位置（例如屋頂），讓一個初速為 0 的物體自由掉落，則落下的速度 v 隨著時間 t 而增加，它的值可記成

$$v = gt$$

測量放手後 1 秒鐘時的落下速度，所測得的值就是 g 的值。

要測定落下的速度，一般來說並不容易，因此我們也可以改為測量落到地面的時間，依此來求算 g。距離地面的高度 h 為上述速度對時間做積分的值，所以

$$h = \frac{1}{2}gt^2$$

（關於積分，可參照第36頁的 COFFEE BREAK 3）。因此，只要測量時間 t，即可利用

$$g = \frac{2h}{t^2}$$

計算出重力加速度。例如，從地面上10公尺的高度落下一個物體，假設1.4秒落到地面，則

$$g \simeq \frac{20}{1.4^2} \simeq 10\ \text{m} \cdot \text{s}^{-2}$$

在準確的實驗中，

$$g = 9.807\ \text{m} \cdot \text{s}^{-2} = 980.7\ \text{cm} \cdot \text{s}^{-2}$$

算算看地球到月球的距離吧！

這一節，要利用「三角測量法」計算地球到月球的距離。

首先，從地面上距離為 d 的 2 個地點，拍攝月球及其鄰近的 S 星的照片。然後，測量照片中的 S 星和月球上的一個點（例如一個隕石坑）之間的角度。在星象圖上可以查到恆星和恆星之間的角度，所以可據此求出 S 星和隕石坑的角度。

這個角度，從地面上的 2 個地點測得的值並不相同，設它們的差為 $\varDelta$ 弧度。這麼一來，依據第1.1節的（1.1）式，$d \fallingdotseq r \cdot \varDelta$，所以月球的距離 r 可以利用

$$r \fallingdotseq \frac{d}{\varDelta}$$

來求算。

如果在遠方甚至國外有朋友同好，不妨同時一起使用望遠鏡拍攝月球的照片，測量各自拍攝到的恆星和隕石坑的角度，再從它們的差求算月球的距離看看。不過，月球是不斷地在運轉中，所以請注意一定要同時拍攝。

求算月球的距離，還有更直接的方法。那就是，從地球發出無線電波或雷射，測量無線電波或雷射被月球反射回到地球的時間。把光到達的時間 t 乘上光速 c，即可算出月球的距離。「阿波羅計畫」曾經在月球上裝設了數片把光朝原來方向反射回去的反射鏡。

抵達月球的雷射光反射回來的時間為2.56秒左右。所以光花了一半的時間抵達月球，約1.28秒。依此可算出月球的距離 r 為

$$
\begin{aligned}
r &= c \times t \\
&= 300000 \times 1.28 \\
&= 384000 \text{ km}
\end{aligned}
$$

地球到月球的正確距離為38萬4400公里。

月球的半徑如何求算？

知道月球的距離後，接下來就能計算出月球的半徑了。月球的目視半徑約16角分。因此，先把16角分換算為弧度，再利用（1.1）式，即可計算出月球的半徑 R 為

$$
\begin{aligned}
R &\fallingdotseq r \times \frac{16}{60} \times \frac{2\pi}{360} \\
&\fallingdotseq \frac{384400 \times 16 \times 2\pi}{60 \times 360} \\
&\fallingdotseq 1790 \text{ km}
\end{aligned}
$$

地球的半徑為大約6370公里，所以月球半徑是地球半徑的 4 分之 1 左右。

地球與月球之距離的求算方法

從地面上兩個地點 A、B 拍攝月球上同一個隕石坑的照片，同時把月球附近的 S 星也攝入畫面中。利用星象圖等調查兩張照片中的 S 星和隕石坑的角度 θ_1、θ_2。θ_1 和 θ_2 的差 $\varDelta$ 等於從地面上的 A 點和 B 點觀看月球隕石坑的 $\angle ACB$。根據第1.1節的（1.1）式，$d \fallingdotseq r \times \varDelta$，所以月球的距離 r 可利用

$$r \fallingdotseq \frac{d}{\varDelta}$$

加以求算。

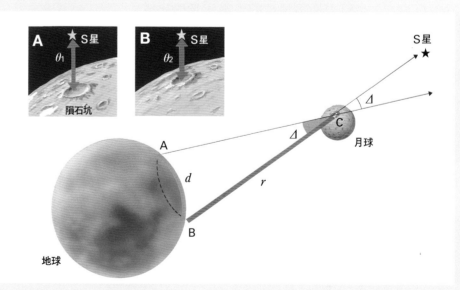

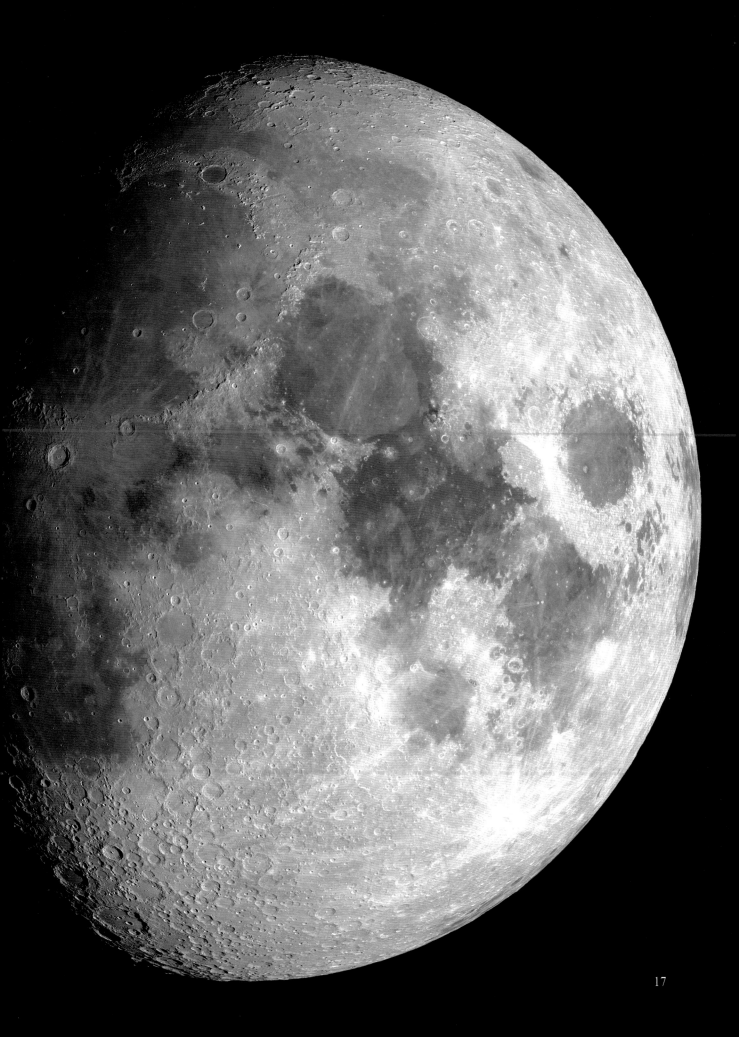

根據月球的距離和速度算算看地球的質量！

月球是因為萬有引力被地球拉住，並繞著地球公轉的衛星。因此，可以利用第1.2節介紹的「萬有引力定律」，根據月球的距離和速度，計算出地球的質量。

在這裡，先說明牛頓的萬有引力定律吧！假設有一個質量 M 的天體，它的周圍有一個質量遠比 M 小得多的質量 m 的天體，在距離 r 的地方繞轉。在 M 和 m 之間作用的引力為

$$引力 = G\frac{Mm}{r^2}$$

這稱為牛頓的萬有引力定律。G 為萬有引力常數，其值為大約 $6.7 \times 10^{-11} m^3 \cdot kg^{-1} \cdot s^{-2}$。萬有引力也就是重力。

利用這個定律，可以求得天體的質量 M。為了簡單起見，設質量 m 的天體的運動為圓周運動。質量 m 的天體若要維持圓形軌道，則作用於天體的離心力和引力必須取得平衡才行。離心力為

$$離心力 = mr\omega^2$$

ω 稱為「角速度」，設天體 m 的速度為 v，則

$$\omega = \frac{v}{r}$$

因此，

$$離心力 = mr\left(\frac{v}{r}\right)^2 = \frac{mv^2}{r}$$

因為這個離心力和引力取得平衡，所以

$$\frac{mv^2}{r} = G\frac{Mm}{r^2}$$

所以，

$$M = \frac{rv^2}{G} \qquad (1.4)$$

由於我們已經知道月球的距離（38萬4400公里），所以接著再調查月球的速度，就能利用這個式子算出地球的質量。

月球以大約27.3天的時間環繞地球一圈。把月球軌道的圓周除以27.3天（換算成秒的值），即可算出月球的速度 v。

$$v = \frac{2\pi \times 384400}{27.3 \times 24 \times 60 \times 60}$$
$$\doteqdot 1.02 \text{ km/s}$$

因此，可利用（1.4）式求得地球的質量 $M_\oplus$ 為

$$M_\oplus = \frac{384400 \times 10^3 \times (1.02 \times 10^3)^2}{6.7 \times 10^{-11}}$$
$$\doteqdot 6 \times 10^{24} \text{kg} = 6 \times 10^{21} 公噸$$

1977年發生日航班機劫機事件，當時的日本首相福田糾夫為了解救人質而答應劫匪的條件，引起批評的聲浪，他回應了一句話：「人命重於地球。」也就是說，人命比 6×10^{21} 公噸，亦即1兆公噸的60億倍更重。

地球的密度有多大？

地球的平均密度（即比重※）可由質量除以體積算出來。

$$平均密度 = M_\oplus \div \frac{4\pi R_\oplus^3}{3}$$
$$= (6 \times 10^{24}) \div \frac{4\pi \times 6370^3}{3}$$
$$\doteqdot 5.5 \text{ g/cm}^3$$

地球的核心由比重7.9的鐵及8.9的鎳組成，地殼由比重2.3的矽、2.3的碳、1.6的氧等化合物組成。把這些平均起來，會得到比重5.5。

※：密度有因次：KM^{-3}，比重無因次，所以兩者的意義不同。比重是與水的密度比較後的結果，因為水的密度數值為1，所以比重與密度的數值相同。

萬有引力和圓周運動

月球被地球的萬有引力拉住，並以秒速1公里的速度做圓周運動（實際上是稍扁的橢圓形）。如果萬有引力突然消失，月球大概會依循慣性定律筆直地飛出去吧！相反地，正因為月球被萬有引力拉住，所以才能持續地繞著地球公轉。

做圓周運動的物體會受到和向心力逆向的「離心力」作用。離心力是依循慣性定律而產生的虛擬力。

地球

萬有引力

速度
（運動方向）

月球

離心力（虛擬力）

算算看月球的質量！

接著，我們來算算看月球的質量有多大吧！如果知道月球作用於地球的引力強度，即可求得月球的質量。在這裡，要利用地球受月球影響而變形的現象（海面漲落如同地球變形）。也就是說，造成海面上下起伏的「潮汐力」其實和月球質量有著密不可分的關係。

假設，由於月球的引力使海面上升了 a 公尺。我們先來想想看，月球對 1 公斤海水的引力有多大。設地球到月球的距離為 r，地球的半徑為 R，月球的質量為 m，地球的質量為 M。因為月球對海面的引力大於月球對地球中心的引力，所以它們的差 f_1 為

$$f_1 = G\frac{1 \times m}{(r-R-a)^2} - G\frac{1 \times m}{r^2}$$

接著，我們再來想想看，地球對 1 公斤海水的引力有多大。地球中心對上升海面的引力會小於它對原本假設地球為圓形時的表面引力，所以它們其間的差 f_2 為

$$f_2 = G\frac{1 \times M}{R^2} - G\frac{1 \times M}{(R+a)^2}$$

由於 f_1 和 f_2 取得平衡，所以 $f_1 = f_2$，亦即，

$$G\frac{1 \times m}{(r-R-a)^2} - G\frac{1 \times m}{r^2}$$
$$= G\frac{1 \times M}{R^2} - G\frac{1 \times M}{(R+a)^2}$$

兩邊除以 G，可得

月球質量的求法

假設地球的海面因為月球的引力而上升 a 公尺。想想看，月球作用於上升到 B 點的 1 公斤海水的引力有多大。月球作用於 B 點的引力比作用於地球中心 O 的引力更強，它們的差 f_1 為

$$f_1 = G\frac{1 \times m}{(r-R-a)^2} - G\frac{1 \times m}{r^2}$$

地球作用於B點的引力比作用於 A 點的引力更弱，它們的差 f_2 為

$$f_2 = G\frac{1 \times M}{R^2} - G\frac{1 \times M}{(R+a)^2}$$

在這裡，因為 $f_1 = f_2$，所以可求得月球的質量 m 和地球的質量 M 兩者之間的比值。

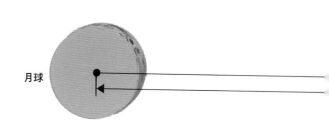

月球

$$\frac{m}{(r-R-a)^2} - \frac{m}{r^2} = \frac{M}{R^2} - \frac{M}{(R+a)^2}$$

計算後，可得

$$\frac{m(2r-R-a)(R+a)}{r^2(r-R-a)^2} = \frac{aM(2R+a)}{R^2(R+a)^2}$$

a 和 R 都遠比 r 小得多，所以計算其近似值，可得

$$\frac{2rRm}{r^4} \sim \frac{2aRM}{R^4}$$

因此，

$$m \sim \frac{ar^3}{R^4}M$$

設 a 為50公分，則可得

$$m \sim \frac{0.5(34400 \times 1000)^3}{(6370 \times 1000)^4}M$$
$$\sim 0.017M$$

實際上，採取更正確的方法，可得

$$m = 0.012M\,(約7.35 \times 10^{22}\,\mathrm{kg})$$

月球的質量大約為地球的80分之1。

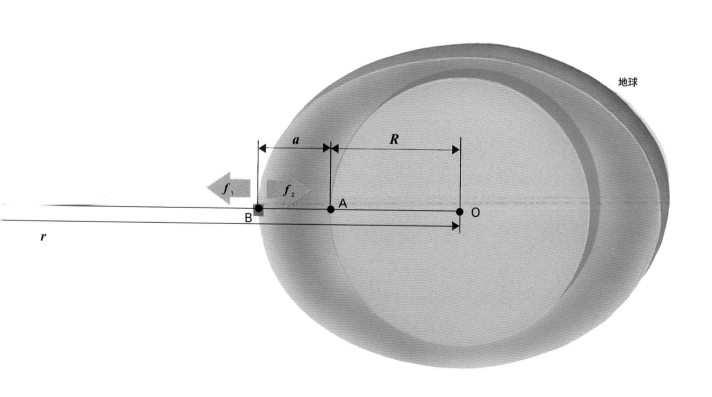

算算看地球到太陽的距離與太陽半徑！

　　想要知道到太陽的距離，必須利用太陽與行星的位置關係。例如金星。金星位於地球公轉軌道的內側，環繞太陽公轉的週期比地球短。從地球觀察，看起來金星距離太陽最遠時，金星與太陽的角度稱為「大距※」。金星的大距是大約46度。

　　金星在大距時，地球、金星、太陽構成一個直角三角形。因此，只要知道地球到金星的距離，就能簡單地求出地球到太陽的距離。

　　那麼，金星的距離要怎麼測量呢？和求算月球的距離時一樣，使用無線電波雷達發出脈衝波，即可利用無線電波彈回的時間和光速 c 來求得。根據雷達觀測的結果，當金星在大距時，電波從地球抵達金星要花上大約 5 分45秒的時間。也就是說，設金星的距離為 d，因為光速 c 為秒速30萬公里，所以

$$d = (秒速30萬\,km) \times (5分45秒)$$
$$= 3 \times 10^5 \times 345$$
$$= 1.035 \times 10^8\,km$$

接下來，可利用三角函數求得地球與太陽的距離 r。

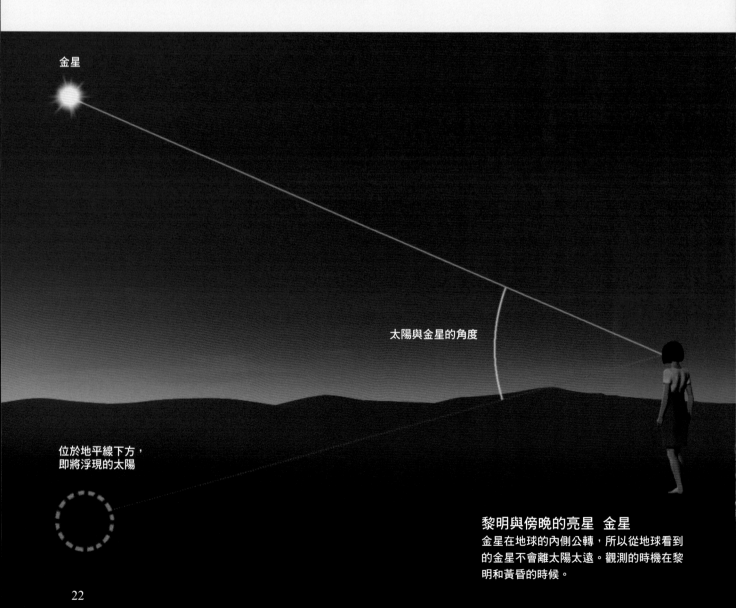

金星

太陽與金星的角度

位於地平線下方，
即將浮現的太陽

黎明與傍晚的亮星　金星
金星在地球的內側公轉，所以從地球看到的金星不會離太陽太遠。觀測的時機在黎明和黃昏的時候。

$$r = \frac{d}{\cos 46°}$$

由三角函數表查知$\cos 46° = 0.695$，所以

$$r ≒ 1.5 × 10^8 = 1億5000萬 \text{km}$$

地球與太陽的距離被定義為「**1天文單位（1AU）**」，正確的值是1億4960萬公里。這是天文學上一個非常重要的距離單位。

太陽的半徑為地球的110倍

知道了太陽的距離之後，接著來求算太陽的半徑$R_⊙$吧！太陽的目視半徑為16角分。在半徑L的圓上，a弧度的圓弧的長度為

$$圓弧 = a × L \qquad （1.1）再次出現$$

因此，把16角分換算成弧度，即可利用（1.1）式計算太陽的半徑$R_⊙$為

$$R_⊙ ≒ \frac{16}{60} × \frac{2\pi}{360} × 1.5 × 10^8$$
$$≒ 7.0 × 10^5 = 70萬 \text{km}$$

地球的半徑為大約6370公里，所以太陽的半徑為地球的110倍左右，真是個龐然大物。

※即最大距角。距角是一個天文學名詞，表示從地球上觀測時，行星和太陽之間分離的角度。

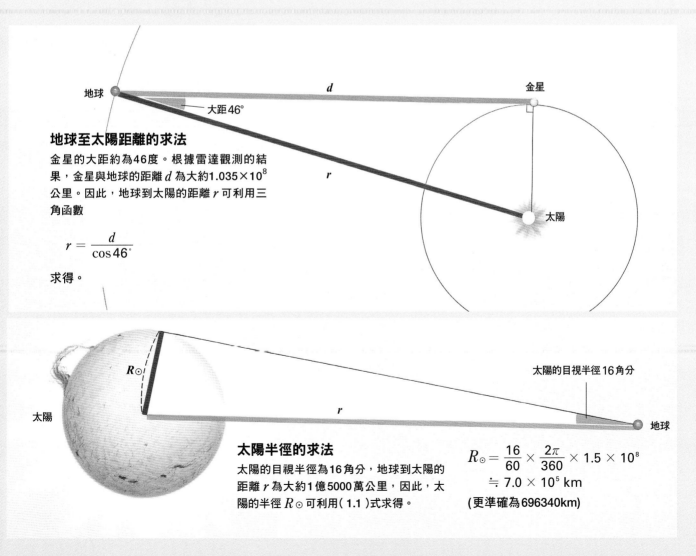

地球至太陽距離的求法
金星的大距約為46度。根據雷達觀測的結果，金星與地球的距離d為大約$1.035 × 10^8$公里。因此，地球到太陽的距離r可利用三角函數

$$r = \frac{d}{\cos 46°}$$

求得。

（圖標示：地球、大距46°、d、金星、r、太陽）

太陽半徑的求法
太陽的目視半徑為16角分，地球到太陽的距離r為大約1億5000萬公里，因此，太陽的半徑$R_⊙$可利用（1.1）式求得。

（圖標示：太陽、$R_⊙$、r、太陽的目視半徑16角分、地球）

$$R_⊙ = \frac{16}{60} × \frac{2\pi}{360} × 1.5 × 10^8$$
$$≒ 7.0 × 10^5 \text{km}$$
(更準確為696340km)

太陽的質量超過地球的33萬倍

知道地球到太陽的距離之後，想要求算太陽的質量就很簡單了。設太陽的質量為 $M_\odot$，地球到太陽的距離為 r，地球的軌道速度為 v，重力常數為 G，則根據萬力引力定律（根據第1.4節的（1.4）式），

$$M_\odot = \frac{rv^2}{G} \qquad (1.5)$$

地球1年繞太陽1圈，所以地球的公轉軌道速度 v 為

$$v = \frac{2\pi r}{(1 \text{ 年})}$$
$$= \frac{2\pi \times (1.5 \times 10^8)}{365 \times 24 \times 60 \times 60}$$
$$\fallingdotseq 30.0 \text{ km/s}$$

地球以秒速30公里的速度繞著太陽運行。因此，利用（1.5）式，

$$M_\odot = \frac{rv^2}{G}$$
$$= \frac{(1.5 \times 10^8 \times 10^3) \times (30 \times 10^3)^2}{6.7 \times 10^{-11}}$$
$$\fallingdotseq 2.0 \times 10^{30} \text{ kg}$$

地球的質量為大約 6×10^{24} 公斤，所以太陽的質量超過地球的33萬倍。

我們已經知道了太陽的半徑，也知道了它的質量，所以能夠求算它的平均密度，或是比重。

$$\text{太陽的密度} = M_\odot \div \frac{(4\pi R_\odot^3)}{3}$$
$$= \frac{(2 \times 10^{30} \times 10^3) \times 3}{4\pi(7 \times 10^5 \times 10^3 \times 10^2)^3}$$
$$\fallingdotseq 1.4 \text{ g/cm}^3$$

這是整體太陽的平均值，中心區域的密度較高。

太陽更準確的質量為 1.989×10^{30} kg，為地球的33萬倍左右。太陽的平均密度更準確為 1.41 g/cm^3。

太陽釋放出來的能量有多少？

知道了太陽的距離，便可依據地球每秒鐘接收的能量（太陽熱）數值，求出「太陽本身每秒鐘所釋出的能量」，亦即「**光度**」。

這個數值，也可以藉由簡單的實驗進行測量。準備一個能夠有效率地接收陽光的黑色盆子。在仲夏的晴天，把盆子裝水，測量水的溫度每秒鐘升高幾度。水的比熱值採用4.2 $[J \cdot g^{-1} \cdot K^{-1}]$，即可求得每秒鐘的熱量 $[J/s = W]$。然後，把這個值除以盆子垂直於太陽方向的面積，即可算出每秒·每平方公尺從太陽入射的能量。

這個量稱為「**太陽常數**」，是太陽物理學的一個基本量。精密的測定值為 $F_\odot = 1.37 kW \cdot m^{-2}$。太陽能發電就是利用裝設於屋頂的太陽能電池板接收這個能量。在理想的條件下，每平方公尺可獲得大約1kW的發電量。

整個地球所接收的能量，可從太陽常數乘上地球的截面積來求得。地球的半徑為 $R_\oplus = 6378 \times 10^3 m$，截面積為 $\pi R_\oplus{}^2$，所以這個能量為

$$\pi R_\oplus{}^2 F_\odot = 1.75 \times 10^{14} kW$$

假設規模最大之發電廠的發電量為500萬kW，則地球從太陽接收的能量相當於4000萬座發電廠。

光是地球這麼小的行星就接收到這麼多的能量，所以太陽往四面八方釋放入宇宙的全部能量更是大得驚人。從太陽釋放出去的光（能量）全都會通過地球軌道半徑的球面，因此，把這個球面的表面積乘上太陽常數的值，就等於太陽每秒鐘放出的全部能量，亦即光度。

（接次頁）

太陽光度的求法

在地球上測量太陽的日射量，可測得每平方公尺大約1.37千瓦，等同於每秒1370焦耳的能量。因此，設地球到太陽的距離為 r，則每秒通過半徑1天文單位之球面的能量 L 為

$$L = 1370 \times 4\pi r^2$$
$$\fallingdotseq 3.9 \times 10^{26} J/s$$

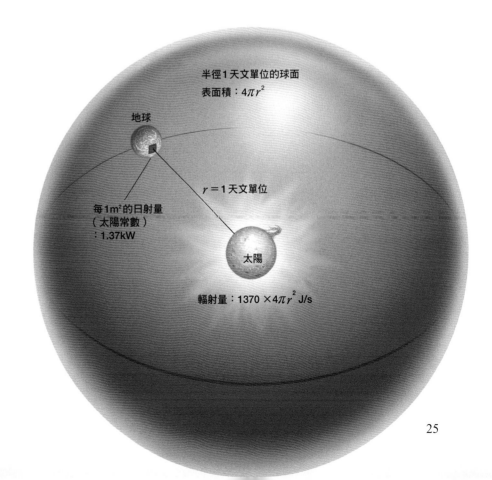

半徑1天文單位的球面
表面積：$4\pi r^2$

地球

$r = 1$天文單位

每1m²的日射量
（太陽常數）
：1.37kW

太陽

輻射量：$1370 \times 4\pi r^2$ J/s

因此，把太陽常數 $F_\odot$ 乘上地球軌道半徑 r ＝1.5億km之球面的表面積 $4\pi r^2$，即可求得太陽的光度 $L_\odot$ 為

$$L_\odot = 4\pi r^2 F_\odot$$
$$= 4\pi \times (1.5 \times 10^{11} \text{ m})^2 \times 1.37 \text{ kW}$$
$$= 3.8 \times 10^{23} \text{ kW}$$
$$= 3.8 \times 10^{33} \text{ erg} \cdot \text{s}^{-1}$$

把這個值化為「星等」（第2.2節），則相當於負26.7等。

太陽的表面溫度大約為6000度

求出太陽的光度和半徑之後，就可以據此推算太陽表面的溫度了。

在這裡，先簡單說明一下「**黑體輻射**」。所謂的黑體，是指能將入射於表面的能量100％吸收的物體。黑體的溫度為 T（單位使用絕對溫度 K）時，從單位表面積放射熱量（光）的強度會相對於波長而呈現如下圖的光譜（由德國物理學家普朗克（1858～1947）首次測定

而得）。把這個光譜以全波長（全頻率）做積分的總和，就等於這個物體單位時間・單位表面積放出的熱能。它的值可以用

$$S = \sigma T^4$$

這個簡單的式子來表示。在這裡，$\sigma = 5.67 \times 10^{-8}$ W・m^{-2}・K^{-4} 是一個稱為「**史特凡－波茲曼常數**」的物理常數。

那麼，假設太陽是一個溫度為 $T_\odot$ 的黑體（這個假設已被極高精度地確定）吧！這麼一來，太陽的光度就可以利用它每單位時間・單位表面積的放射量 $S_\odot$ 和太陽表面積的乘積來表示，所以

$$L_\odot = 4\pi R_\odot^2 S_\odot = 4\pi R_\odot^2 \sigma T_\odot^4 \qquad (1.6)$$

把這個式子對溫度求解，則太陽表面的溫度 $T_\odot$ 可記為

$$T_\odot = \left(\frac{L_\odot}{4\pi R_\odot^2 \sigma} \right)^{\frac{1}{4}}$$

在這裡，把太陽的光度 $L_\odot = 3.85 \times 10^{26}$ W和太陽的半徑 $R_\odot = 696{,}000$ km代入式子，則可求得太陽的表面溫度為

$$T_\odot = 5780 \text{ K}$$

依溫度之不同，黑體輻射的波長所產生的輻射強度（亦即光譜）會有急遽的變化。圖中所示為溫度4000K至8000K場合的光譜。值得注意的是，只要太陽的溫度僅約有1～2成的變化，它的輻射強度和光譜就會產生非常巨大的變化。

太陽現在的輻射峰值波長約為500nm（5000Å：埃），人類的可視區在這個波長的附近十分發達。輻射達峰值的波長與自身溫度成反比（維恩位移定律。參照右頁插圖）。溫度5800K的太陽處於波長500nm的可見光區，溫度3000K的低溫恆星處於波長1000nm（1微米）的紅外線區，相反地，溫度10000K的高溫大質量恆星（O型、B型）的峰值波長則處於波長250nm的紫外線區。

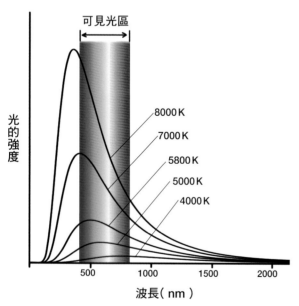

黑體輻射的輻射光譜。由下往上分別為4000、5000、5800（與太陽相同）、7000、8000K的場合。$T = 5800$K時，波長在 5×10^{-7}m＝500nm＝5000Å達到峰值。這裡相當於人類的可見光區。

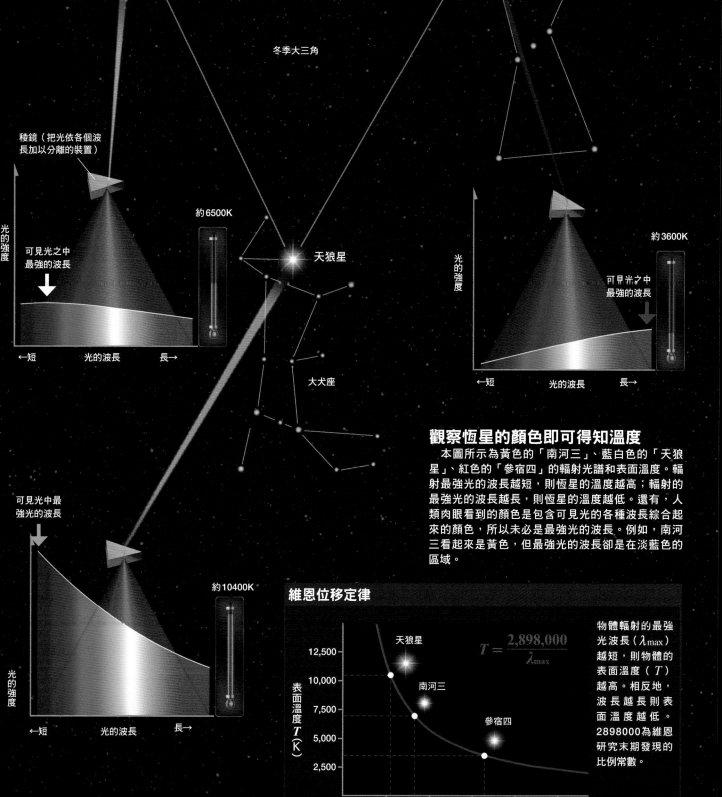

冬季大三角

稜鏡（把光依各個波長加以分離的裝置）

約6500K

光的強度

可見光之中最強的波長

←短　光的波長　長→

天狼星

大犬座

約3600K

光的強度

可見光之中最強的波長

←短　光的波長　長→

觀察恆星的顏色即可得知溫度

　本圖所示為黃色的「南河三」、藍白色的「天狼星」、紅色的「參宿四」的輻射光譜和表面溫度。輻射最強光的波長越短，則恆星的溫度越高；輻射的最強光的波長越長，則恆星的溫度越低。還有，人類肉眼看到的顏色是包含可見光的各種波長綜合起來的顏色，所以未必是最強光的波長。例如，南河三看起來是黃色，但最強光的波長卻是在淡藍色的區域。

可見光中最強光的波長

光的強度

←短　光的波長　長→

約10400K

維恩位移定律

$$T = \frac{2,898,000}{\lambda_{max}}$$

天狼星

南河三

參宿四

12,500

10,000

7,500

5,000

2,500

表面溫度 T (K)

物體輻射的最強光波長（λ_{max}）越短，則物體的表面溫度（T）越高。相反地，波長越長則表面溫度越低。2898000為維恩研究末期發現的比例常數。

從日射量求算太陽的壽命

太陽耗盡能量的時間，亦即太陽的壽命，究竟有多長呢？

太陽是藉由把氫轉換成氦的核融合反應而產生能量。這個反應最終會消耗太陽質量的1000分之1左右。也就是說，太陽質量的1000分之1是燃料。

把這個寫成式子，設太陽的質量為 $M_\odot$（＝2.0×10^{30} kg），光速為 c（＝3.0×10^{8} m/s），則太陽燃料所蘊藏的核能 E（J）為

$$E \sim \frac{M_\odot}{1000} \times c^2$$

把這個核能 E 除以能量消耗率（單位時間的能量消耗量），亦即除以光度 $L_\odot$（J/s），就能算出太陽的壽命 t。

$$
\begin{aligned}
t &\sim \frac{E}{L_\odot} \\
&\sim \frac{2 \times 10^{30} \times (3 \times 10^5 \times 10^3)^2}{10^3 \times 3.9 \times 10^{26}} \\
&\sim 4.6 \times 10^{17}（秒）\\
&\sim 1.5 \times 10^{10} = 150億（年）
\end{aligned}
$$

實際上如果更詳細地計算，太陽的壽命大約為100億年。太陽系誕生至今已經過了大約46億年，所以太陽的壽命大概過了一半。

太陽壽命的求法

設太陽的質量為 $M_\odot$，其中大約1000分之1最終會消耗掉，所以，設光速為 c，則太陽擁有的核能 E 為

$$E \sim \frac{M_\odot}{1000} \times c^2$$

由此可以概算出太陽的壽命 t 為

$$
\begin{aligned}
t &\sim \frac{E}{L} \\
&\sim 1.5 \times 10^{10} = 150億（年）
\end{aligned}
$$

若是精確地計算，太陽的壽命大約為100億年（也有人試算為109億年）。

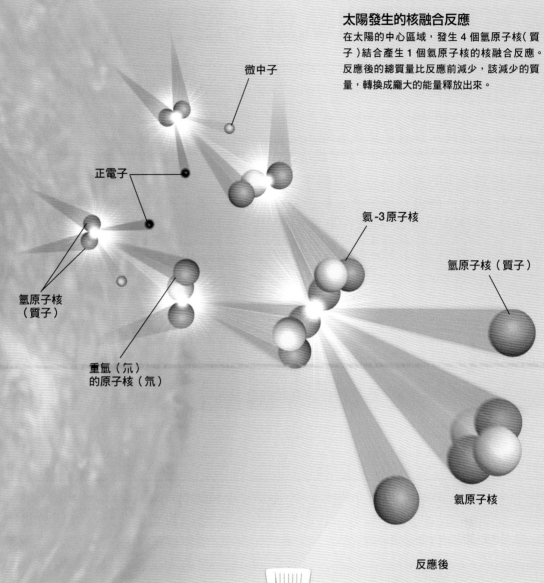

太陽發生的核融合反應
在太陽的中心區域，發生 4 個氫原子核（質子）結合產生 1 個氦原子核的核融合反應。反應後的總質量比反應前減少，該減少的質量，轉換成龐大的能量釋放出來。

微中子

正電子

氦-3原子核

氫原子核（質子）

氫原子核
（質子）

重氫（氘）
的原子核（氕）

氦原子核

反應前

反應後

算算看行星的軌道半徑！

因為我們已經知道了地球和太陽的位置關係，還有太陽的質量，所以能夠簡單地計算出其他行星的軌道半徑，亦即各行星到太陽的距離。因此，只要求算行星環繞太陽公轉的週期 P 即可。

設行星到太陽的距離為 R，公轉週期為 P。為求簡化起見，假設行星的公轉軌道為圓形軌道。由於行星是以週期 P 繞行半徑 R 的圓，所以行星的軌道速度 V 為

$$V = \frac{2\pi R}{P} \qquad (1.7)$$

設太陽的質量為 $M_\odot$，則依據第1.4節的（1.4）式子，

$$M_\odot = \frac{RV^2}{G} \qquad (1.8)$$

把（1.7）式代入（1.8）式，

$$M_\odot = \frac{R}{G} \times \left(\frac{2\pi R}{P}\right)^2 = \frac{1}{G}\left(\frac{2\pi}{P}\right)^2 R^3$$

$$\therefore R = \left[GM_\odot \times \left(\frac{P}{2\pi}\right)^2\right]^{\frac{1}{3}} = \left[\frac{GM_\odot}{(2\pi)^2}\right]^{\frac{1}{3}} P^{\frac{2}{3}}$$

設

$$\left[\frac{GM_\odot}{(2\pi)^2}\right]^{\frac{1}{3}} = A$$

則

$$R = A \cdot P^{\frac{2}{3}}$$

如果以地球的軌道半徑（1天文單位）和地球的公轉週期（1年）為單位，計算行星的軌道半徑 R 和週期 P，則上式的 $R=1$，$P=1$ 時 $A=1$，所以

$$R = P^{\frac{2}{3}} \qquad (1.9)$$

這就是有名的「克卜勒第三定律」。

我們利用克卜勒第三定律，來算算看火星的軌道半徑 R 吧！火星的公轉週期為大約1.88年，因此，

$$R = (1.88)^{\frac{2}{3}} \fallingdotseq 1.52 \,(\text{天文單位})$$

進行更精確的計算，算出 8 顆行星和矮行星冥王星軌道的半長軸 R，如右頁上方所示。由此可一窺太陽系的大小。

利用圖表看克卜勒第三定律

右頁的圖表，是採用對數刻度來標定以（1.9）式表示的行星軌道半長軸 R 和週期 P 的關係。以對數作為刻度，則雖然距離是以100倍、1000倍……而變大，但圖表上的尺寸只會顯示成 2 倍、3 倍……，所以即使是一如宇宙這麼巨大的構造也能一目了然。

太陽的半徑大約70萬公里，在它的表面與水星之間沒有其他行星，是太陽系的空白區域。而從水星到海王星之間，有地球（1天文單位，1.5億公里）等 8 顆巨大的行星在繞轉。必須注意的是，在這個行星帶中，眾行星的軌道半徑的間隔在圖上大致是等間隔。在對數刻度的圖上是等間隔，就表示相鄰行星的實際距離的比例是相同的。以太陽系來說，這個比例是大約1.5倍。也就是說，某個行星的軌道半徑為其內側相鄰行星的1.5倍。這個關係稱為「波德定律」或「通約性」。

像這樣，行星軌道以對數表示時會呈現均等的關係，但若仔細觀察，就會發現在火星和木星之間並沒有相應的行星存在。但實際上，這裡並不是完全空白，而是有無數的小行星繞著太陽公轉而形成帶狀的「小行星帶」。很有可能，小行星帶裡面的眾多小行星原本應該在那裡形成一個行星，但卻因故未能成長為行星而殘存到現在。小行星的研究，對於闡明太陽系的誕生具有非常重要的意義。

水星	0.387
金星	0.723
地球	1.000
火星	1.524
木星	5.203
土星	9.555
天王星	19.22
海王星	30.11
冥王星	39.45

（天文單位AU）

利用對數圖表看克卜勒第三定律

使用橫軸和縱軸都是對數刻度的「雙對數圖表」，來表示從水星到海王星等
8 顆行星到太陽的距離與公轉週期。由插圖可知，整體成為一條直線。

克卜勒（第三）定律

$$R = P^{\frac{2}{3}}$$

P：公轉週期（年）
R：行星的軌道半長軸（AU）

公轉週期（年）

行星軌道的半長軸（AU）

調查行星的居住舒適性

太陽的光度、溫度和半徑都知道了，接下來要算算看周邊的各個行星接收到的能量。在第1.8節已經說明了，太陽對於距離 r＝1.5億公里的地球，每平方公尺投注1.37kW的能量。

在這裡，假設地球是個黑體，亦即地球會把從太陽接收到的熱全部吸收，再以黑體輻射的形式把這些熱發散出去，然後我們依此計算出地球的溫度。地球所吸收的熱（能量），是從太陽投注到距離為 r 的地球朝向太陽這邊的圓形面積的輻射，所以

$$S_E = \frac{\pi R_\oplus{}^2}{4\pi r^2} L_\odot$$

在這裡，把太陽的光度 $L_\odot$ 用太陽的黑體輻射的式子（1.6式）來表示，則成為

$$S_E = \frac{\pi R_\oplus{}^2}{4\pi r^2} 4\pi R_\odot{}^2 \sigma T_\odot{}^4$$

在此，$T_\odot$＝5800 K。

從太陽接收到的能量，藉由地球本身的黑體輻射往四面八方發散，所以地球的溫度 $T_\oplus$ 維持穩定（這樣的狀態稱為熱平衡）。把它用式子記成

$$S_E = 4\pi R_\oplus{}^2 \sigma T_\oplus{}^4$$

因此，行星的表面溫度為

$$T_\oplus = \left(\frac{1}{4}\right)^{\frac{1}{4}} \left(\frac{R_\odot}{r}\right)^{\frac{1}{2}} 5800 \text{ K}$$

把地球的軌道半徑 r＝1.5億km、太陽的半徑 $R_\odot$＝69.9萬km代入，可得地球的表面溫度 T_E＝280 K（約7℃）。這個值是整個地球的平均值，實際上大家都知道赤道和南北兩極有攝氏數十度的差異。

這個關係式不僅適用於地球，也適用於各式各樣的行星。一般來說，太陽系的行星表面溫度 T_P 為

$$T_P = \left(\frac{1}{4}\right)^{\frac{1}{4}} \left(\frac{R_\odot}{r_P}\right)^{\frac{1}{2}} 5800 \text{ K}$$

而且，這個關係式不僅適用於太陽系，也適用於各式各樣的恆星及其周圍的行星系。這個關係式可改為更一般性的式子。在表面溫度 T_{Star} 的恆星周圍繞轉的軌道半徑 r_P 的行星，它的平均表面溫度可用

$$T_P = \left(\frac{1}{4}\right)^{\frac{1}{4}} \left(\frac{R_{Star}}{r_P}\right)^{\frac{1}{2}} T_{Star}$$

這個式子做近似的推定。

行星系的適居帶

本圖所示為質量介於太陽0.1倍至1.3倍的恆星周圍「適居帶（生命能夠居住的範圍）」的位置。適居帶是與中央星的距離恰到好處，讓行星表面能有液態水存在的範圍。低溫的暗恆星會在比較近的地方，高溫的亮恆星則會在比較遠的地方。尤其是紅矮星這類質量不到太陽0.5倍的小恆星，適居帶非常靠近中央星，範圍也很狹窄。近年來，在紅矮星的周圍發現了許多行星位於適居帶裡面，引起世人的關注。

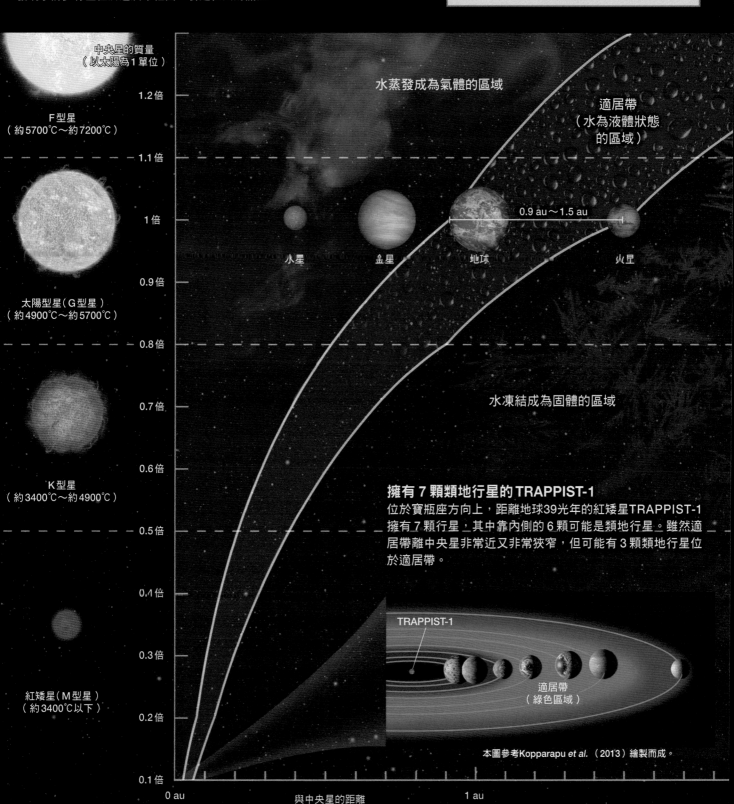

中央星的質量
（以太陽為1單位）

1.2倍

F型星
（約5700℃～約7200℃）

1.1倍

1倍

太陽型星（G型星）
（約4900℃～約5700℃）

0.9倍

0.8倍

0.7倍

K型星
（約3400℃～約4900℃）

0.6倍

0.5倍

0.4倍

0.3倍

紅矮星（M型星）
（約3400℃以下）

0.2倍

0.1倍

水蒸發成為氣體的區域

適居帶
（水為液體狀態
的區域）

0.9 au～1.5 au

水星　　金星　　地球　　火星

水凍結成為固體的區域

擁有7顆類地行星的TRAPPIST-1

位於寶瓶座方向上，距離地球39光年的紅矮星TRAPPIST-1擁有7顆行星，其中靠內側的6顆可能是類地行星。雖然適居帶離中央星非常近又非常狹窄，但可能有3顆類地行星位於適居帶。

TRAPPIST-1

適居帶
（綠色區域）

本圖參考Kopparapu *et al.*（2013）繪製而成。

0 au　　與中央星的距離　　1 au

綜觀太陽系

在第1.10節，我們知道了太陽系行星的位置。那麼，太陽系的邊緣又是什麼樣的景況呢？在太陽系最遠的行星海王星的外側，有一個和小行星帶一樣未能成長為行星的原始矮小天體群。這個群稱為「海王星外天體」，其中也含有比較大的「矮行星」。冥王星就是矮行星的代表例子。在太陽系外緣的海王星外天體之中，有些天體的軌道呈現極端扁平的橢圓形，而且軌道的一端來到太陽附近，所以它們會週期性地接近太陽。這種天體稱為「彗星」，其中尤以週期76年的哈雷彗星最具代表性。

在彗星之中，有些彗星是從非常遙遠的地方，以非常久的週期來拜訪太陽；還有一些則是不具有週期性的軌道，而以拋物線或雙曲線的軌道前來。這樣的彗星稱為「**長週期彗**

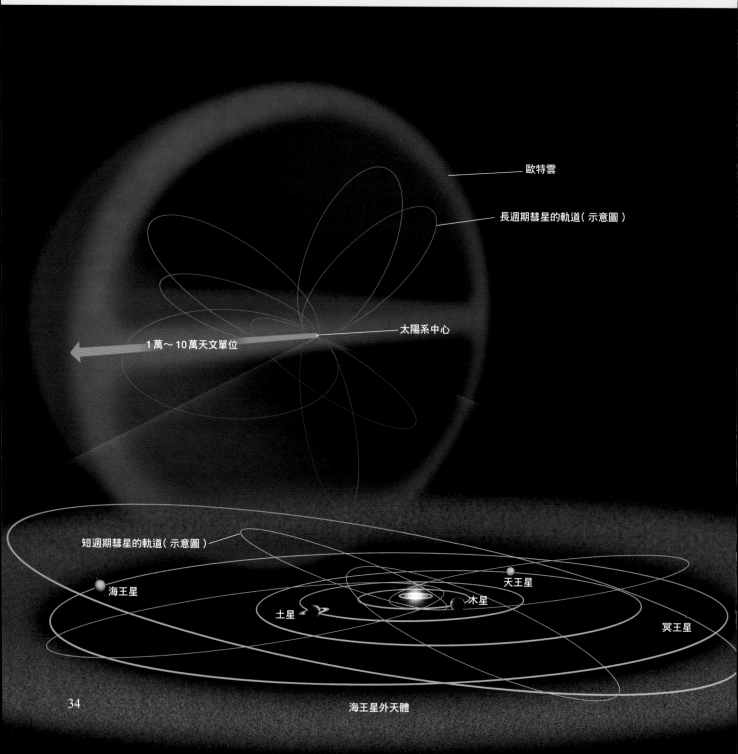

歐特雲

長週期彗星的軌道（示意圖）

太陽系中心

1萬～10萬天文單位

短週期彗星的軌道（示意圖）

海王星

土星

天王星

木星

冥王星

　　　　　　　　　海王星外天體

星」。長週期彗星可能來自「**歐特雲**」。歐特雲可能是太陽系誕生時的原始太陽系圓盤殘餘物，但很可惜的是，目前還無法藉由直接觀測而精確地加以掌握。

越過歐特雲的範圍之後，終於來到太陽系的外面，這是一個距離太陽大約 1 光年之遙的星際空間。可以看到距離4.3光年的鄰近恆星「南門二（半人馬座α星）」在眼前熠熠閃耀。

從這裡回首太陽，會看到什麼樣的景象呢？這個時候，太陽的目視星等為 1 等左右，散發著比「天狼星」更暗的紅色光芒，已經變成一個極為普通的恆星了。也就是說，在星際空間裡，蒼穹永遠都是「夜空」。

從下一章起，我們終於要前往星體的世界一探究竟了。

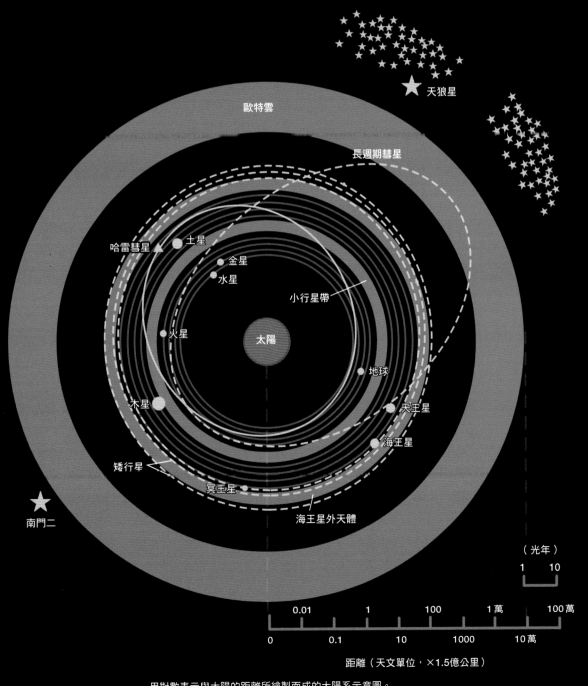

用對數表示與太陽的距離所繪製而成的太陽系示意圖。

微分與積分

在本書中出現的計算,絕大部分是乘法和除法就可以處理完成。但在某些場合,為了因應表現物理的數學式子及其意義的必要性,也會出現包含微分或積分的式子。顧慮到有些讀者還沒有學過微積分,或者有些讀者雖然學過但早就忘個精光,所以本書只會觸及微積分的皮毛。在這裡,我們以物體運動力學的量為例子來做個說明吧!

表示物體運動的基本量(物理量)有三個:「位置」、「速度」、「加速度」。位置會移動,必定具有速度。也就是說,我們把速度定義為位置在單位時間內所移動的距離。在這個場合,我們稱「速度是位置的微分或變化率」。

設位置為 x,速度為 v,時間為 t,則這個定義可以記成

$$v = \frac{dx}{dt} \qquad (1)$$

這是十分容易理解的數學式子。在這裡,d 表示 x 和 t 的微小變化量。每秒(dt)移動的距離(dx)即為速度。而某段時間所移動的距離,只要把速度加總起來就行了,這項操作稱為「**積分**」。記成式子則為

$$x = \int_0^t v dt \qquad (2)$$

積分符號 $\int$(把 summation 的 S 做變形的符號)是加總的意思,附加文字代表從 0 到 t。

若是以一定的速度運動,則移動的距離等於速度乘上時間的值。也就是說,如果速度一定 $v = v_0$,則

$$x = v_0 \int_0^t dt = v_0 t \qquad (3)$$

現在把同樣的思考方式運用於速度和加速度看看吧!「速度的變化率」稱為加速度,單位是「每秒每秒幾公里」。設加速度為 a,則

$$a = \frac{dv}{dt} \qquad (4)$$

對物體施予加速度 a,經過時間 t 後,速度變成

$$v = \int_0^t a dt \qquad (5)$$

而若加速度 a 為固定值,則

$$v = at \qquad (6)$$

把它代入(2)式,得

$$x = \int v dt = \int a t dt \qquad (7)$$

因為 a 為常數,所以可得到

$$x = a \int t dt = \frac{1}{2} a t^2 \qquad (8)$$

這個式子。反過來,把這個式子代入微分的(4)式,則可得到

$$d = \frac{d^2 x}{at^2} \qquad (9)$$

這個式子。我們稱之為「**加速度**

是把距離(位置)做 2 次微分的值(稱為二階微分,二次導函數)」。

此外,我們可以使用(8)式,測定地球對地表上之物體作用的「重力加速度」。假設從高度 x 的屋頂上落下一顆石頭,那麼,只要測量石頭落到地面的時間 t,即可利用

$$g = \frac{2x}{t^2} \qquad (10)$$

算出重力加速度。附帶一提,重力加速度為

$$g = 981 \, \text{cm} \cdot \text{s}^{-2}$$
$$= 9.81 \, \text{m} \cdot \text{s}^{-2}$$

(每秒每秒 9.81 公尺)

這個值稱為 1 G。

想想看汽車和火箭加速的情形

汽車的加速性能,通常以從啟動到時速 100 公里所花費的時間(0~100km/h 加速時間)來表示。假設花了 10 秒,則加速度(假設為固定)為

$$a = \frac{v}{t}$$
$$\sim \frac{100 \, \text{km/h}}{10 \, \text{s}} = 2.78 \, \text{m} \cdot \text{s}^{-2}$$

亦即 $a = 2.78/9.81 \, \text{G} = 0.28 \, \text{G}$。假設跑車或賽車花了 3 秒鐘從 0 加速到 100km/h,則依照同樣的計算方法,駕駛員的背部會受到座椅施予大約 1 G 的推力。

假設時速100公里的汽車,要在100公尺的距離內把車完全停住。這個時候,駕駛員會承受多少G的向前推力呢?我們使用(6)式和(8)式來計算,把這兩個式子列成聯立方程式,把 t 和 a 化(解)成 x 和 v,則可得停止時間和加速度為

$$t = \frac{2x}{v} \tag{11}$$

$$a = \frac{v^2}{2x} \tag{12}$$

把時速和距離的值代入式子,可算出車子以0.4G減速(負的加速度),花了7.2秒完全停住。

那麼,如果前方30公尺出現了障礙物,會變成什麼情形呢?把時速100公里、距離30公尺同樣地代入(11)式、(12)式,可算出駕駛員會受到1.3G,亦即體重1.3倍的力往前推,並以2秒的時間完全停住。這種感覺應該是恐怖到了極點吧!

那麼,離開地球從事太空旅行的時候,必須承受多少G的力呢?我們假設要登上距離地面200公里,並以秒速8公里飛行的圓形軌道上。

如果以最短(最便宜)的行程飛上去,則以 x＝200 km的距離來說,加速到 v＝8 km/s就行了。把這些數值代入上面的(11)式、(12)式,則 a＝16G, t＝50秒。這個力遠遠超出人體的負荷,所以不能朝正上方發射而直接進入軌道。

為了用比較緩和的飛行進入圓形軌道,不能垂直升空,必須平順地漸漸增加高度,所以假設 x＝1000 km。這麼一來,就變成 a＝3.3 G(再加上朝下的1G), t＝4分鐘,還算是相當平穩的飛行。

當然,這些值只是基本數據而已,實際上,還要把地球的重力和自轉造成的初速等因素納入考量,計算出三維空間的軌道。

球的表面積及體積的微積分公式

再補充一些比較實用的例子吧!半徑 r 的球圓周為 $2\pi r$,給這個圓球的表面一個微小的面積 $r\cos(\theta)d\theta$ 再加總起來(積分),即可得到球的表面積。

$$\begin{aligned} S &= 2\int_{-\frac{\pi}{2}}^{\frac{\pi}{2}} 2\pi r\ r\cos(\theta)d\theta \\ &= 4\pi r^2 \end{aligned} \tag{13}$$

給這個球面一個微小的厚度 dr,再做積分,即可得到球的體積。

$$V = \int_0^r 4\pi r^2 dr = \frac{4\pi}{3}r^3 \tag{14}$$

相反地,用微分計算球的體積,可得到球的表面積;用微分計算圓的面積,可得到圓的周長。

微積分的重要公式

或許你已經察覺到,多項式(x^n, n 為任意常數)微分的一般形式為

$$\frac{dx^n}{dx} = nx^{n-1} \tag{15}$$

$$\int x^n dx = \frac{1}{n+1}x^{n+1} \tag{16}$$

這個在三角函數和指數函數也可以派上用場,例如

$$\frac{d\sin x}{dx} = \cos x \tag{17}$$

$$\frac{de^x}{dx} = e^x \tag{18}$$

這裡的 e 稱為納皮爾常數。順便說一下,三角函數和指數函數無論微分或積分都是相同的形式。

太空電梯的纜繩

最早由俄羅斯火箭專家齊奧爾科夫斯基（Konstantin Tsiolkovsky，1857～1935）於1895年提出太空電梯的構想。所謂太空電梯是從位在地球同步軌道上的太空基地拉一條纜繩通到地面，讓人員和物資能夠藉此往返的交通工具。太空電梯並不是從地面往上建造，而是從公轉週期與地球自轉週期相同的同步衛星垂吊下來。利用地球的重力和離心力的平衡，製造一個超巨大的風箏，再讓列車像螞蟻一樣沿著纜繩上下往返。這個構想是否可能實現，聚焦在能否製造出不會被本身張力拉斷的纜繩。

設纜繩的密度和截面積分別為ρ和s施加於這條纜繩的各個地方的力為重力和離心力的和，可記為

$$f = \rho s \left(-\frac{GM_\oplus}{r^2} + r\omega^2 \right) \quad (1)$$

這裡的r是到地球中心的距離（半徑），$M_\oplus$是地球的質量、ω是太空站及其一起運轉的整個系統的角速度，亦即$2\pi \div 24$小時（1天1公轉）。

同步衛星的軌道半徑R_G可當作$f = 0$的半徑來求算。把地球的質量$M_\oplus = 5.97 \times 10^{27}$g，$\omega = 2\pi \div 24$小時$= 2\pi \div (24 \times 3600$秒$)$，萬有引力常數$G = 6.674 \times 10^{-8}$ cm$^3 \cdot$g$^{-1} \cdot$s^{-2}代入，可得

$$R_G = \left(\frac{GM_\oplus}{\omega^2} \right)^{\frac{1}{3}} \\ \doteqdot 4.2 \times 10^9 \text{cm} \quad (2)$$

亦即，R_G為大約4萬2000公里。衛星距離地面的高度為軌道半徑減去地球半徑（$R_\oplus = 6380$ km）的3萬6000公里（順帶一提，衛星廣播的無線電波是從這個距離發送出去的，所以電視的報時應該是在0.12秒前發出的）。左下方的圖表是以G（朝下為正）來表示加速度$f \div (\rho s)$的結果。

在軌道上，施予纜繩的力是加總（積分）整條纜繩各部分的力而成，所以

$$F = \int_{R_\oplus}^{R_G} f \, dr \\ = \rho s \left[\frac{GM_\oplus}{r} + \frac{1}{2}\omega^2 r^2 \right]_{R_\oplus}^{R_G} \quad (3)$$

平衡衛星位於太空站外側，藉由纜繩連結太空站。這個力與平衡衛星（對重）藉由纜繩產生的離心力相互制衡。

在這裡的假設是纜繩材料的密度$\rho = 1$g$\cdot$cm^{-3}（比重1）、截面積$s = 1$平方公分，依此計算纜繩承受的負荷。

首先，從地面到太空站的纜繩的全部質量（重量）$\rho s (R_G - R_\oplus)$為大約3600公噸。這個又長又大的量體連同位於太空站外側的平衡衛星及其纜繩，在地球的重力場中，一起由西向東1天公轉1圈。平衡衛星的公轉速度比「克卜勒轉動」更快，所以離心力更大，而多出的離心力會把纜繩往外拉，藉此取得平衡。

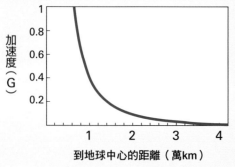

以G（朝下為正）來表示作用於地表和人造衛星之間的纜繩各處的加速度。

橫軸：到地球中心的距離（萬km）
縱軸：加速度（G）

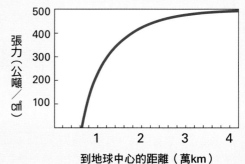

作用於比重為1且粗細均勻的纜繩每1平方公分的張力（換算成公噸）。在地表為0，在太空站為最大。

橫軸：到地球中心的距離（萬km）
縱軸：張力（公噸／cm²）

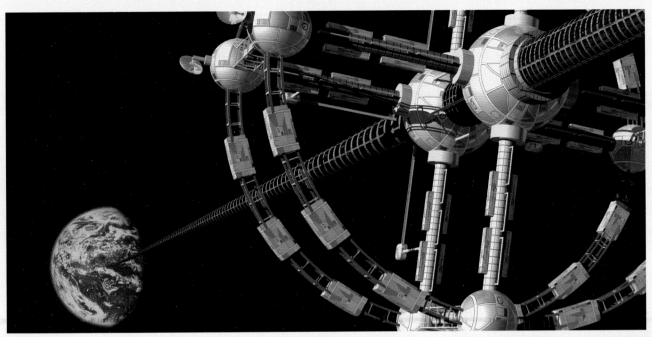

連結地球和宇宙空間的太空電梯想像圖

接著，把 $R_\oplus$，R_G，$M_\oplus$ 代入上方的（3）式，算出在軌道上施予纜繩基處的力。換算成地面的重量（亦即除以 $1G＝981cm\cdot s^{-2}$），即可得出張力。計算的結果，得知張力為大約500公噸。這是使用1公分粗的纜繩吊起數百輛小客車所要求的強度。左頁右下方圖表是以公噸表示施加於纜繩單位截面積的張力。特徵是在地面上為0，在同步軌道上為最大。

如果纜繩的比重不是1，則每 $1cm^2$ 的張力為比重×500公噸。和它取得平衡的對重掛在軌道的外側。張力比起纜繩的重量（質量＝3600公噸）十分微不足道，這是因為重力隨著 r 急遽減少，但離心力卻隨著 r 增加的緣故。由於張力會隨著 r 而增加，所以把下方做細（減輕），越往上方越加粗，如此可以減輕單位截面積的負荷。

如果纜繩斷裂呢？

以上是僅限於1條纜繩的情況。在思考電梯的時候，還必須把馬達、旅客、貨物等酬載物的質量、速度及加速度、科氏力造成的撓曲（依循角動量守恆定律而作用於纜繩之東西方向的力）、纜繩的拉伸、振動、安全係數、經濟性、耐久性等等納入設計的考量才行。

實驗階段姑且不論，如果要拿來作為交通工具的話，沿著像絲線一樣的纜繩往上爬，會不會讓人擔心害怕呢？如果有一座吊橋，它的質量和人（酬載物）差不多，可能會讓人害怕得不敢走上去；但若是澎湖跨海大橋，就安心走過去吧！所以，應該是把好幾百萬條纜繩綑紮在一起建造巨大的索橋，上頭鋪設軌道，讓列車（電梯）像螞蟻一樣在上頭通行。

因為它是會動的構造物，必須事先思考纜繩毀損時的對策。最容易發生的事態，可能是在受力最大的軌道附近的纜繩上發生斷裂。

靠地球側的纜繩藉由離心力往外拉伸，會因本身的重量而掉落地面。由於角動量守恆的作用，纜繩會往東繞轉赤道一圈而落至地面。因此，為了避免落下造成傷害，或許必須沿著赤道設立一個帶狀的安全區。

另一方面，外側的平衡衛星和纜繩是以比克卜勒速度更快的速度在做旋轉運動。萬一纜繩斷裂了，如果是平衡衛星的質量小而軌道半徑大的場合，將會轉換到雙曲線軌道而離開地球；如果是平衡衛星的質量非常大而軌道半徑小的場合，則會沿著橢圓軌道環繞地球運轉。同步軌道上的太空站和電梯或許應該預先做成能夠被斷離的構造，會比較妥當。

2

恆星與星際空間

關於恆星的亮度、質量、顏色與溫度

夜空所見的恆星大半是主序星，在「**赫羅圖**」中是分布於「主序帶」的帶狀區域。「赫羅圖」是表示恆星的亮度（光度）與溫度關係的圖表，又稱為「**HR圖**」。主序帶在恆星的一生中占有一段非常漫長的時期，處於這個時期的恆星，其內部構造的變化和整個恆星的力學時間尺度比起來，進行得非常緩慢，使得整個恆星保持著熱力學的平衡狀態。我們的太陽正好處於這個主序帶生命期臨近中間點的位置。

假設處於主序帶的恆星是個維持平衡狀態的氣體球，則其內部構造可藉由數值詳細計算。下方六個圖表採用對數刻度，分別表示恆星的半徑、表面溫度、光度、壽命、中心溫度、中心密度單純相對於恆星質量的關係。

關於恆星的半徑，如下所示，可以利用其相對於恆星質量（以太陽質量表示恆星質量的值：$M \div M_\odot$）單純增加的函數，求得近似值。

$$R \sim R_\odot \left(\frac{M}{M_\odot} \right)^{0.55}$$

同樣地，關於恆星的光度，也可以利用如下的式子進行概算。

$$L \sim 0.9 \, L_\odot \left(\frac{M}{M_\odot} \right)^4$$

關於壽命的式子如下：

$$t \sim 1.2 \, 10^{10} \left(\frac{M}{M_\odot} \right)^{-3} \text{[年]}$$

關於表面溫度的式子如下：

$$T \sim 6000 \left(\frac{M}{M_\odot} \right)^{0.6} \text{[K]}$$

依據這些繪製出「光度」相對於「溫度」之關係的圖表，即為赫羅圖。縱軸為光度的對數，對應於「絕對星等」（第2.2節）。橫軸對應於表面溫度，亦即恆星光譜的峰值波長。一般來說，縱軸大多是以絕對星等來表示，橫軸則以光譜類型來表示居多。

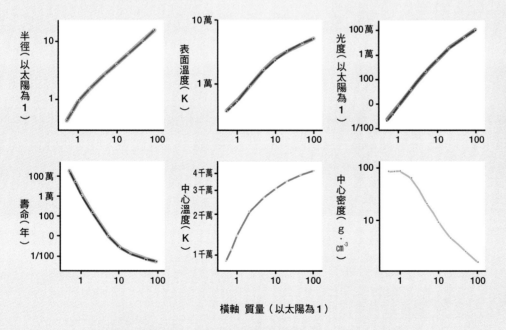

橫軸 質量（以太陽為1）

主序星的半徑（$R \div R_\odot$）、表面溫度、光度（$L \div L_\odot$）、壽命、中心溫度、中心密度相對於質量（$M \div M_\odot$）的關係。

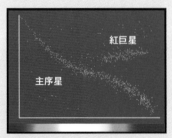

赫羅圖

太陽近旁能觀測到之眾多恆星的分布圖。由圖可知，大半是主序星。右頁的插圖只抽取其中比較主要的恆星。

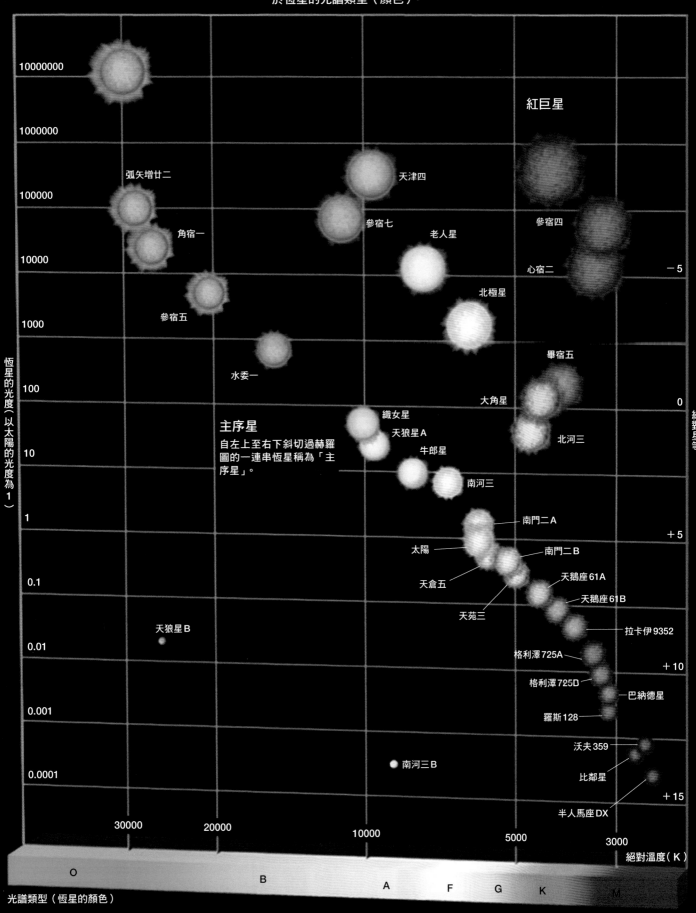

赫羅圖標出太陽附近的主要恆星 表示光度（$L \div L \odot$）相對於表面溫度的關係。光度對應於絕對星等，溫度對應於恆星的光譜類型（顏色）。

視星等、光度、距離的關係

恆星從日常的距離感來說,由於位置太過遙遠,看起來好像是貼在天球上,很難感受到它的縱深。在推定恆星的距離時,有許多種不同的手法,以下要介紹的是最簡單易懂的方法。

我們就先來看看顏色與光譜性質和太陽極為相似的恆星,依據恆星演化和赫羅圖的研究,可推論這些恆星擁有和太陽幾乎相同的光度(絕對亮度)。在這個時候,如果知道恆星的視星等(視亮度),便能藉由和太陽的星等做比較,推定它的距離。

假設有一個光度和太陽相同的恆星,處於距離 d 天文單位(AU)的位置。在這個狀況下,從這個恆星射來的光強度(光通量[※],flux)F 會比太陽光的強度 $F_\odot$ 小一些,即

$$F = F_\odot \left(\frac{1\text{AU}}{d}\right)^2 \qquad (2.1)$$

接下來,只要回想起 $F_\odot = 1.37 \text{ kW} \cdot \text{m}^{-2}$(第 1.7 節),便能夠藉由測定 F 而計算出距離 d 了。

在天文學上,不是直接測定光通量,而是把它的視亮度和基準恆星的視亮度做比較,依此所得到的相對亮度稱為「星等」。星等的劃分方法是「恆星(天體)的亮度變暗100分之1時,即增加5個星等」。也就是說,將它套用於夜空的恆星,則可以把肉眼所看到的恆星按照亮度的明暗依序分成幾個階段,星等為6的恆星(6等星)比星等為1的恆星(1等星)多5等,表示6等星的視亮度是1等星的100分之1。因此,1個星等的視亮度的差異是

$$\left(\frac{1}{100}\right)^{\frac{1}{5}} = \frac{1}{2.512} \text{ 倍}$$

Δm 星等的視亮度的差異是

恆星的星等與亮度的差異

1 等星的亮度

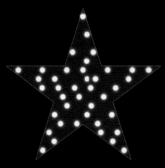

2 等星的亮度

1 等星的 $\left(\frac{1}{10}\right)^{\frac{1}{5}} = $ 約 2.5 分之 1

3 等星的亮度

1 等星的 $\left(\frac{1}{100}\right)^{\frac{2}{5}} = $ 約 6.3 分之 1

$$\left(\frac{1}{100}\right)^{\frac{\Delta m}{5}} \text{倍}$$

設剛才那個光的強度為 F 之恆星的星等為 m，太陽的星等為 $m_\odot$，則可得到

$$\left(\frac{1}{100}\right)^{\frac{m - m_\odot}{5}} = \frac{F}{F_\odot}$$

的關係式。把兩邊取對數，重新記成

$$m - m_\odot = -\frac{5}{2} \log \frac{F}{F_\odot}$$

接著，利用（2.1）式，代入距離，重新記成

$$
\begin{aligned}
m - m_\odot &= -\frac{5}{2} \log\left(\frac{1\mathrm{AU}}{d}\right)^2 \\
&= 5 \log \left(\frac{d}{1\mathrm{AU}}\right) \quad\quad (2.2)
\end{aligned}
$$

然後，導入「絕對星等：M」這個量吧！M 的定義是「某個天體處於距離10秒差距（pc）

的位置時的視星等」。以太陽來說，處於 1 天文單位時的視星等 $m_\odot$ 為負26.7等，但它的絕對星等 $M_\odot$ 為4.83等。

（2.2）式是假設恆星的光度（絕對亮度）和太陽相同（亦即處於 1 天文單位的位置時的視星等為 $m_\odot$）而導出的式子。在這裡，如果恆星的絕對星等採用 M，則由於這個恆星處於10秒差距的位置時的目視星等為 M，因此可以把（2.2）式的 $m_\odot$ 換成 M，再把1AU換成10pc，成為

$$
\begin{aligned}
m - M &= 5 \log_{10}\left(\frac{d}{10\,\mathrm{pc}}\right) \\
&= 5 \log_{10} d - 5 \quad\quad (2.3)
\end{aligned}
$$

這個視星等和絕對星等的差，（$m - M$）稱為「距離模數」。

※：通量是指在單位時間內通過單位面積的能量流量。

能夠比較實際亮度的「絕對星等」

假設恆星位在基準距離時的視亮度稱為「絕對星等」，可作為比較恆星原本亮度的指標。

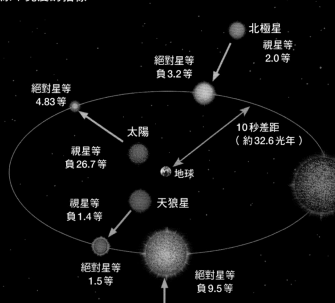

北極星
視星等
2.0等

絕對星等
負3.2等

絕對星等
4.83等

太陽

10秒差距
（約32.6光年）

視星等
負26.7等

地球

視星等
負1.4等

天狼星

絕對星等
1.5等

絕對星等
負9.5等

海山二

19世紀的絕對星等
比負10等更亮

19世紀的視星等
負0.8等
*亮度非常不穩定，現在的視亮度為6等。

視星等
11.5等

天鵝座 OB2-12

「分光視差」的方法

在第2.2節介紹的恆星（天體）視星等、絕對星等及距離的關係式（2.3式），在天文學的距離測定上扮演著重要的角色。因為一個已知絕對星等的恆星，可以藉由測定它的視星等（藉由測定距離模數 $m-M$），計算出距離 d（秒差距）。

把（2.3）式以距離為主重新改寫，可得到

$$\log d = \frac{m-M}{5} + 1$$

這樣的關係式。我們依據這個式子，反過來思考第2.2節的亮度與距離的關係吧！

把太陽當成處於距離 d 秒差距位置上的一顆恆星，絕對星等為 $M=4.83$ 等。假設這顆恆星（太陽）在夜空被我們觀測到的目視星等為 $m=4.83$ 等。這麼一來，由於 $m-M=0$，所以距離 $\log d=1$，亦即 $d=10$ 秒差距。

又，對於距離 1 天文單位的實際的太陽來說，把目視星等 $m_{\odot}=-26.74$ 等代入式子，則可以確認它的距離為

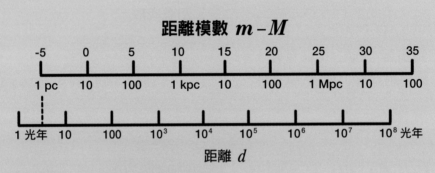

距離模數 $m-M$

距離模數 $m-M$ 是視星等和絕對星等的差。

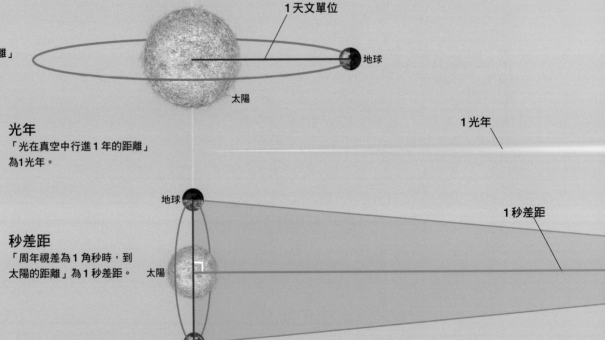

天文單位
「地球到太陽的距離」為1天文單位。

1天文單位

地球

太陽

光年
「光在真空中行進1年的距離」為1光年。

1光年

秒差距
「周年視差為1角秒時，到太陽的距離」為1秒差距。

地球

太陽

1秒差距

$$\log d = \frac{-26.74 - 4.83}{5} + 1 = -5.314$$
$$d = 10^{-5.314} = 4.85 \times 10^{-6}\ \text{pc}$$
$$\sim 1.5 \times 10^{8}\ \text{km} = 1\ \text{AU}$$

另一方面，假設這個絕對星等4.83等的恆星，是位於必須使用望遠鏡才能看得到的遠處，觀測到的星等是10等，那麼就可以算出

$$\log_{10} d = \frac{10 - 4.83}{5} + 1 = 2.034$$
$$d = 10^{2.034} \sim 100\ \text{pc}$$

上述的方法，並不限於太陽，只要是已經知道絕對星等的恆星都能適用。也就是說，藉由測定恆星的類型、顏色或表面溫度（赫羅圖的橫軸），可以推定它的絕對星等（赫羅圖的縱軸）。

像這樣，藉由恆星的分光學觀測（光譜及顏色的觀測）來決定絕對星等 M，再和視星等 m 做比較，求出距離模數 $m - M$，而據以決定距離 d 的方法，稱為「分光視差法」。

距離單位對照表

pc（秒差距）	光年	AU（天文單位）	km（公里）	$m - M$（距離模數）
3.24×10^{-14}	1.06×10^{-13}	6.69×10^{-9}	1	—
4.85×10^{-6}	1.58×10^{-5}	1	1.5×10^{8}	-31.57
0.307	1	6.32×10^{4}	9.46×10^{12}	-7.56
1	3.26	2.06×10^{5}	3.08×10^{13}	-5
10	32.6	2.06×10^{6}	3.08×10^{14}	0

宇宙的距離使用「天文單位」、「光年」、「秒差距」來表示

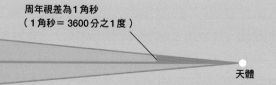

光

周年視差為1角秒
（1角秒＝3600分之1度）

天體

天體的亮度與距離的關係

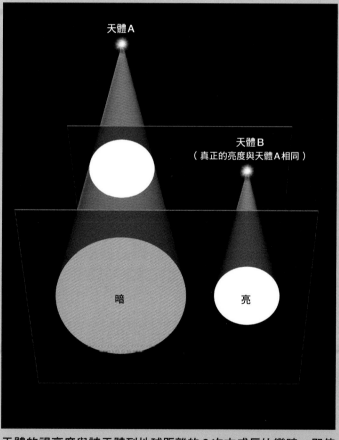

天體A

天體B
（真正的亮度與天體A相同）

暗

亮

天體的視亮度與該天體到地球距離的2次方成反比變暗。即使原本的亮度相同，但若距離增為2倍，則視亮度會減為4分之1。如果知道天體真正的亮度，就能利用這個關係，從視亮度推算出距離。距離推算的準確度，與能把天體的真正亮度推算到多精確有關，依據天體的種類而異。

算算看至天狼星的距離

夜空中群星閃爍有明有暗。如果所有恆星的實際亮度都相同，那麼鄰近的恆星看起來會比較明亮，越遙遠的恆星則看起來越暗淡，因此我們就可依據目視的亮度，亦即「光度」，來推定它和我們之間的距離。但實際上，恆星的真正亮度，亦即「絕對光度」，各自不同，所以事情沒有那麼簡單。現在，我們就來思考一下測定恆星距離的方法吧！

我們能夠憑肉眼判斷物體的遠近，是利用兩隻眼睛看到物體的方位角不一樣，亦即三角測量的原理。兩隻眼睛的角度差異稱為「視差」。在第1.3節，我們依據地球上的基線，利用三角測量計算至月球的距離。但是到了恆星的世界，由於恆星過於遙遠，如果選取地球上的基線，幾乎無法產生視差。因此，便利用地球環繞太陽公轉的運動，也就是把望遠鏡隨著地球一起在太陽周圍運轉，這麼一來，就能利用3億公里長的地球軌道直徑作為三角測量的基線了。

請注意夜空中閃耀的某顆恆星吧！在這顆恆星的周圍，可以看到無數顆因為位於更遠處而顯得更暗淡的小恆星。拍一張這顆恆星及其周圍的照片，每個月拍一張同樣的照片，久而久之就會發現，這個恆星在繁星之間一點一點地移動著，以1年的時間繞了一個橢圓。這是因為地球繞著太陽公轉，所以看到恆星的位置會相對於背後遠方的繁星而移動的緣故。

設這個移動所形成的橢圓長半徑的角度為 θ。在天文學上，稱這個角度為恆星的「周年視差」。設所求的恆星距離為 d，則地球軌道半徑 R（＝1.5億公里）與 d 及 θ 之間的關係，可用三角函數的公式

$$\frac{R}{d} = \tan\theta$$

來表示。因為 θ 非常小，可以採用 $\tan\theta \fallingdotseq \theta$ 弧度的近似值，而得到

$$d = \frac{R}{\theta}$$

的關係式。

至半人馬座 α 和天狼星的距離

肉眼可見距離太陽最近的恆星是南門二（半人馬座 α）。這個恆星的周年視差是0.75角秒。那麼南門二的距離是多遠呢？

度和弧度的換算式為

$$弧度 = \frac{2\pi}{360} \times 度$$

所以，如果把0.75角秒換算成弧度，再計算恆星的距離 d，則為

$$d = (1.5 \times 10^8) \div \left(\frac{2\pi}{360} \times \frac{0.75}{60 \times 60}\right)$$
$$\fallingdotseq 4.13 \times 10^{13}\ \text{km}$$

這相當於多少光年呢？1光年是9兆5000億公里，亦即9.5×10¹²公里，所以

$$d \fallingdotseq \frac{4.13 \times 10^{13}}{9.5 \times 10^{12}} \fallingdotseq 4.3\ 光年$$

再來求算另一顆恆星的距離看看吧！全天空最明亮的天狼星，周年視差為0.376角秒，所以天狼星的距離為

$$d = (1.5 \times 10^8) \div \left(\frac{2\pi}{360} \times \frac{0.376}{60 \times 60}\right)$$
$$\fallingdotseq 8.23 \times 10^{13}\ \text{km}$$
$$\fallingdotseq 8.7\ 光年$$

在天文學上，把周年視差1角秒的距離作為單位使用（參照第2.3節的插圖），稱為「1秒差距」（parsec，符號：pc）。parsec由「parallax」（視差）和「second」（秒）兩個字組合而成，相當於3.26光年。以秒差距表示之天體的距離 d 可以利用

$$d = \frac{1}{\text{周年視差（角秒）}}$$

的式子簡單求得。南門二的周年視差為0.75
角秒，所以可求得距離為 1÷0.75＝1.33秒
差距。天狼星的距離為 1÷0.376＝2.66秒差
距。

只能適用於鄰近的恆星

不過，1角秒真的是微乎其微的小角度，大
概相當於看到1公里遠處的5毫米長的小蟲。
若是要觀測恆星，則其周年視差所要求的精度
在0.1～0.01角秒。也就是必須能分辨1公里

遠處的0.5～0.05毫米的物體。所以，從地球
上觀測時，只有數十pc以內的鄰近恆星，才能
夠利用三角測量法測量距離。這是因為大氣的
晃動會使望遠鏡的性能無法充分發揮。

1989年，歐洲太空總署發射「依巴谷高精度
視差測量衛星」，進入沒有大氣的宇宙空間，
正確地測量恆星的位置，把恆星的距離及運動
的測定範圍一口氣拓展到數百光年之遙。使用
特長基線電波干涉儀（VLBI）這種裝置，更可
以利用三角視差法，正確求得數萬光年遠的邁
射源的距離。日本的VERA（銀河系精密測距
儀）也是基於這個目的而予以建造的裝置。

依據周年視差求算恆星的距離

由於地球環繞太陽公轉的運動，導致鄰近恆星以遠方繁
星為背景而呈現橢圓運動。橢圓長半徑的角度 θ 為「周
年視差」。設太陽到地球的距離為 R，所求恆星的距離
為 d，則根據三角函數可得

$$\frac{R}{d} = \tan\theta$$

若 θ 很小，則可採用 $\tan\theta \fallingdotseq \theta$ 弧度的近似值，所以
恆星的距離 d 可以利用

$$d \fallingdotseq \frac{R}{\theta}$$

求得。

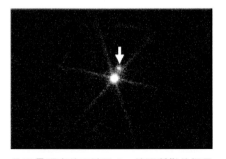

全天最明亮的天狼星 A。箭頭所指的恆星
是它的伴星天狼星 B，是一顆白矮星。

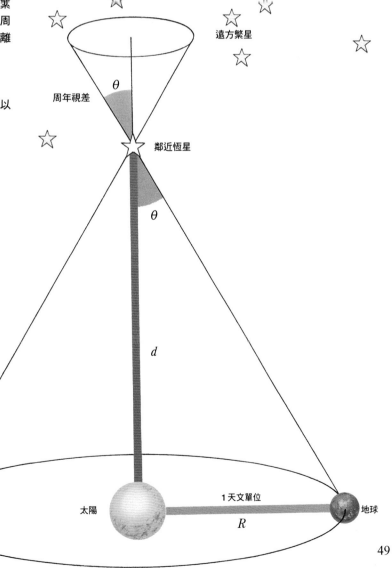

遠方繁星

周年視差

鄰近恆星

θ

d

1天文單位

太陽

R

地球

利用變星求算遙遠恆星的距離

第2.4節所介紹的方法能夠運用在太陽附近的恆星，但越遙遠的恆星就越加困難。所以我們再來看看測量遙遠恆星距離的方法。

每種方法都要利用恆星的亮度，把恆星當成光源，依據視亮度推定距離。但是這種方法必須知道真正的亮度——亦即絕對光度——才行得通。視亮度與距離的 2 次方成反比變暗，所以如果能知道恆星的真正亮度，則只要利用單純的計算，即可求出距離。

把恆星詳細分類來看，會發現具有特定性質（例如恆星的顏色、表面溫度、光譜類型）的恆星，也具有特定的絕對光度。恆星的顏色依表面溫度而定，溫度高為藍白色，溫度低為紅色。把對應於恆星顏色（亦即表面溫度）的絕對光度標示在圖表上，即成為「赫羅圖（HR 圖）」（第2.1節）。藍白色高溫恆星的絕對光度較大，紅色低溫恆星的絕對光度較小。在赫羅圖中，恆星分布在從左上往右下傾斜的帶狀區域，這個帶狀區域中的恆星稱為「主序星」。

如果有哪顆恆星不知道距離的話，只要能把這顆恆星分類，詳細測量它的顏色（亦即表面溫度），就能利用赫羅圖測定它的絕對光度。再把這個絕對光度和視光度做比較，即可推知它的距離。這種決定距離的方法稱為「分光視差法」（第2.3節）。

絕對光度的單位是瓦特（W），或者也可以用太陽的光度3.85×10^{26}瓦特（W）為單位，而記成太陽光度的若干倍。在天文學中，也可以使用「星等」的概念（第2.2節）。絕對星等是假設把恆星放在10秒差距的距離處時，從地球上看到的視星等。太陽的絕對星等是4.83等。

利用恆星的亮度變動週期來推定距離

依據恆星的光譜類型來推定絕對光度的方法十分方便，但誤差也很大。而且，如果是遙遠的星團及球狀星團或星系，要把其中的恆星一

脈動變星

反覆膨脹和收縮的恆星。造父變星也是脈動變星的一種。

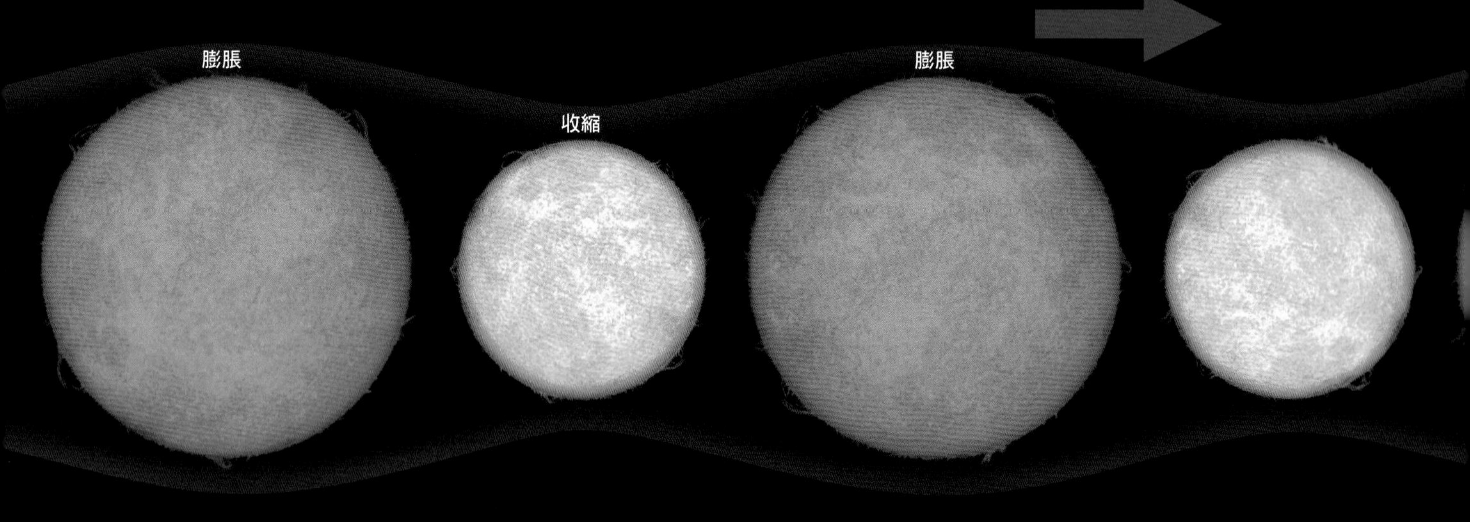

膨脹　　　　收縮　　　　　　　　膨脹

脈動變星會反覆地膨脹和收縮的理由

恆星在體積縮小的時候，內部的溫度較高，導致放出的光增強。但是溫度高，由內部向外側的壓力就大，於是膨脹起來。膨脹後，恆星內部的密度變低，使得溫度下降，放出的光也隨之減弱。這麼一來，由內向外的壓力就減弱，於是接下去就藉由自身的重力而收縮。這樣的循環，再反覆地發生，就造成反覆地膨脹和收縮。

顆一顆做光譜分類，是一件非常浩大困難的工程。

因此，如果能找到具有代表性亮度，而且容易發現的恆星，那麼測定距離的工作就會變得相當簡單。天文學家比較常用的方法，是利用脈動變星之中的「造父變星」和「天琴座RR型變星」，以這些恆星作為基準光源。最近也常採用長週期的米拉變星。造父變星和米拉變星的絕對光度十分明亮，能夠用於測定遙遠的距離，因此近年來頗受注目。

什麼是脈動變星？

恆星是氣體的團塊，所以會發生脈動的情況。其中，脈動的振幅很大且光度呈現週期性劇烈變化的恆星，即稱為「脈動變星」。重要的是，變光（亦即脈動的週期）和絕對光度之間有著良好的對應關係。

這就類似擺的長度和週期的關係。擺的長度越長，則週期也越長。以恆星來說，平均密度小而膨鬆的恆星，振動比較緩慢，變光的週期比較長。恆星的質量越大，則半徑越大，平均密度越小，所以變光週期長的恆星，其質量比較大，從而絕對光度也比較大。調查脈動變星，依據它的變光週期推定絕對星等，再和視星等做比較，即可求出距離。

「造父變星」為藍白色的明亮變星，也稱為造父型變星。因為它持續在變光，通常只要把相隔一段時間拍攝的2張照片拿來對照，就能找到它。造父變星是非常明亮的恆星，在疏散星團之類由年輕恆星組成的集團中可以找到許多。由於它很明亮，在銀河系外的星系中也很容易找到，所以在決定鄰近星系的距離時扮演著重要的角色。

和造父變星相似的變星，還有「天琴座RR型變星」。這是較老且較暗的星，但變光週期和絕對星等之間仍然具有良好的對應關係。在球狀星團之類由老年恆星組成的集團裡面，擁有許多天琴座RR型變星。在決定球狀星團及銀河系的核球構造時，它扮演著重要的角色。

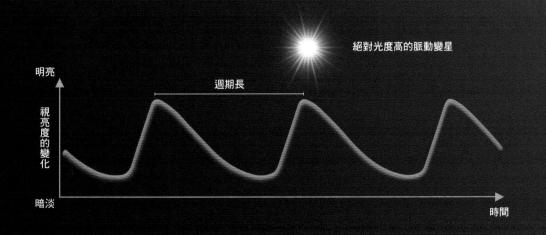

絕對光度高的脈動變星

明亮 視亮度的變化 暗淡

週期長

時間

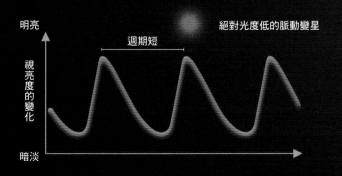

絕對光度低的脈動變星

明亮 視亮度的變化 暗淡

週期短

利用變星求算恆星的距離

有一種恆星，因為會脈動所以亮度會週期性地變化，稱為「脈動變星」。變光週期長的恆星是脈動週期長、絕對光度大的恆星。變光週期短的恆星是脈動週期短、絕對光度小的恆星。變光週期和絕對光度之間存在著對應關係，所以可從變光週期推測恆星的絕對光度，再和視光度比較之後，即可依此推定恆星的距離。

從聯星的力平衡，求算恆星的質量

恆星的質量要如何求得呢？許多恆星其實是由多顆恆星組成的「聯星系」。聯星藉由重力互相拉攏而繞著對方公轉。

假設聯星的距離 d 已經利用周年視差等方法求得。設聯星相距最遠時的目視角度為 θ 弧度。在半徑為 L 的圓上，圓弧 a 的弧長為 $a \times L$[第1.1節的（1.1式）]。因此聯星的軌道半徑 r 可記為

$$r \fallingdotseq d \times \theta \qquad\qquad (2.4)$$

恆星繞行軌道 1 周的時間，亦即公轉週期 p，也可藉由觀測而得知。假設 2 顆恆星的軌道大致呈圓形，比較明亮的星為主星 A，比較暗淡的星為伴星 B。設主星 A 的質量為 M，伴星 B 的軌道速度為 v，則可利用在第1.4節由牛頓的「萬有引力定律」所導出的

$$M = \frac{rv^2}{G}$$

（1.4）再次出現

伴星 B 的軌道速度 v 為

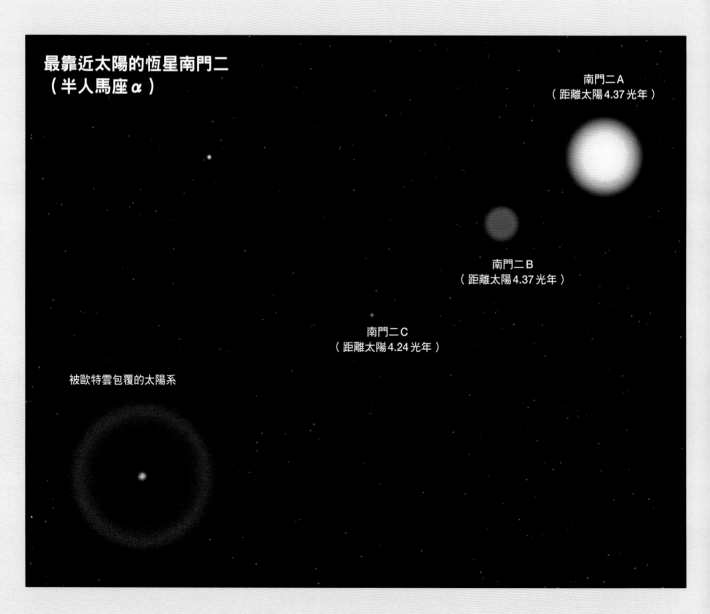

最靠近太陽的恆星南門二
（半人馬座 α）

南門二 A
（距離太陽 4.37 光年）

南門二 B
（距離太陽 4.37 光年）

南門二 C
（距離太陽 4.24 光年）

被歐特雲包覆的太陽系

$$v = \frac{2\pi r}{p}$$

把 v 代入（1.4）式，則

$$
\begin{aligned}
M &= \frac{r}{G}\left(\frac{2\pi r}{p}\right)^2 \\
&= \frac{4\pi^2}{G}\left(\frac{1}{p}\right)^2 r^3
\end{aligned}
$$

（2.5）

接下來，要求算主星 A 的質量 M 為太陽質量 $M_\odot$的幾倍。首先，地球繞行太陽的軌道半徑 r 為 1 天文單位，地球的公轉週期 p 為 1 年，把這些代入（2.5）式，可得

$$M = \frac{4\pi^2}{G}\left(\frac{1}{1\text{年}}\right)^2 (1\text{ 天文單位})^3$$

$$\therefore G = \frac{4\pi^2}{M_\odot}\left(\frac{1}{1\text{年}}\right)^2 (1\text{ 天文單位})^3$$

把這個再度代入（2.5）式，可得

$$M = \left(\frac{1\text{年}}{p}\right)^2 \left(\frac{r}{1\text{天文單位}}\right)^3 M_\odot$$

（2.6）

接下來，我們來算算看，南門二的質量 M 為太陽質量 $M_\odot$的幾倍吧！

南門二（半人馬座 α）是聯星，它的伴星以大約80年的週期繞著南門二公轉（$p \fallingdotseq 80$年）。聯星相距最遠時的目視角度 θ 為20角秒左右。此外，在第2.4節已經求得南門二的距離 d 為大約 4.13×10^{13}公里。

依據（2.4）式，南門二聯星系的軌道半徑 r 為

$$
\begin{aligned}
r &\fallingdotseq d \times \theta \\
&\fallingdotseq (4.13 \times 10^{13}) \times \left(\frac{2\pi}{360} \times \frac{20}{60 \times 60}\right) \\
&\fallingdotseq 4.0 \times 10^9 \text{ km}
\end{aligned}
$$

把單位改為天文單位吧！1 天文單位為大約 1 億5000萬公里，所以

求算聯星的質量

觀測聯星的運動，可利用「萬有引力定律」求得主星的質量。假設已知從地球到聯星的距離 d。設聯星相距最遠時的目視角度為 θ，則伴星的軌道半徑 $r \fallingdotseq d \times \theta$。設伴星的公轉週期為 p，太陽的質量為 $M_\odot$，則主星的質量 M 可利用

$$M = \left(\frac{1\text{年}}{p}\right)^2 \left(\frac{r}{1\text{天文單位}}\right)^3 M_\odot$$

求算得出。

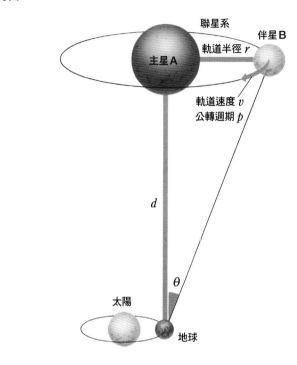

$$
\begin{aligned}
r &\fallingdotseq \frac{4.0 \times 10^9}{1.5 \times 10^8} \\
&\fallingdotseq 27 \text{（天文單位）}
\end{aligned}
$$

把這個值和伴星的公轉週期 $p \fallingdotseq 80$ 年代入（2.6）式，則南門二的質量 M 為

$$
\begin{aligned}
M &\fallingdotseq \left(\frac{1}{80}\right)^2 \times 27^3 \times M_\odot \\
&\fallingdotseq 3.1 \times M_\odot
\end{aligned}
$$

由於真正的南門二的軌道為橢圓形，所以修正之後，它的質量和太陽差不多。實際上，南門二的光譜類型也和太陽幾乎相同，是一個非常近似太陽的恆星。

算算看至星團的距離

現在來談談如何求得至星團的距離吧！

金牛座有一個稱為「畢宿星團」的疏散星團，它是和同屬金牛座的「昴宿星團」並駕齊驅的隆冬天體。如果使用望遠鏡詳細調查，可以得知它是由大約120顆恆星所組成。

我們來調查一下這些恆星的視運動，觀察它們的位置每年朝哪個方位角移動了多少角秒。這樣的恆星的視運動稱為「自行（**固有運動**）」。調查星團中眾多恆星的自行，會發現它們似乎是朝天空的某個點一起前進，這個點稱為「**匯聚點**」。它的理由其實很簡單，因為整個星團都朝這個點的方位在移動。

測量這個自行的「角速度」，假設為 μ。所謂的角速度，是指1秒又或1年內移動了多少角度的速度。另外，我們再測量星團往匯聚點移動的方向和從地球觀看星團的方向之間的夾角，設為 α。

接著，測量恆星的徑向速度 v_r。這個值可藉由調查恆星射來之光的光譜，依據譜線的波長偏移，利用「都卜勒效應」求得（右頁插圖）。這麼一來，星團的切線速度 v_t（與徑向速度 v_r 垂直）便可利用

$$v_t = v_r \times \tan\alpha$$

加以計算。設所求至星團的距離為 d，則自行的角速度 μ 可利用

$$\mu = \frac{v_t}{d}$$

來求算，所以至星團的距離 d 為

$$d = \frac{v_t}{\mu} = \frac{v_r \times \tan\alpha}{\mu}$$

這種決定距離的方法稱為「**移動星團法**」。

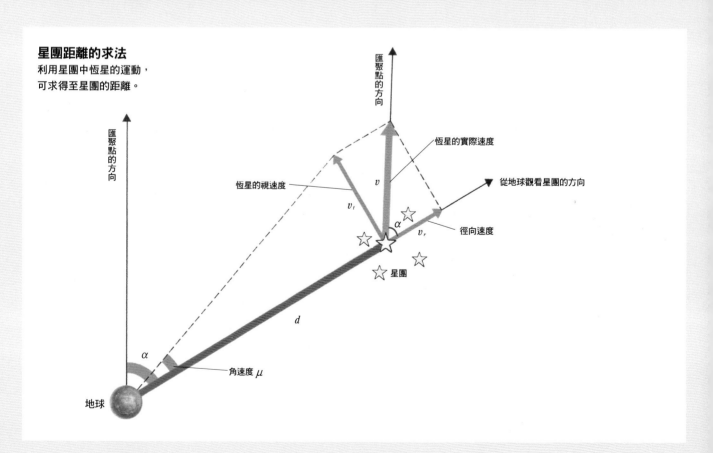

星團距離的求法
利用星團中恆星的運動，可求得至星團的距離。

匯聚點的方向

匯聚點的方向

恆星的實際速度

從地球觀看星團的方向

恆星的視速度

v

v_t

α

v_r

徑向速度

星團

d

α

角速度 μ

地球

天體的光譜與
都卜勒效應

在天體觀測上，會利用「都卜勒效應」求取天體的運動速度。在恆星的光譜（把光分解為各種波長成分的圖型）中，含有許多暗線。這種線意味著天體所擁有的某種元素吸收了該種顏色的光。如果知道標準的光譜，就能得知譜線從那個地方偏移了多少，從而依據都卜勒效應得知天體的運動速度。

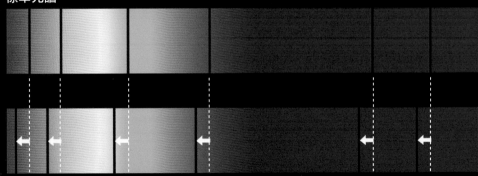

標準光譜

從地球觀看恆星往遠方運動的的光譜

下段的光譜由於都卜勒效應導致暗線往紅色端（波長較長側）偏移。

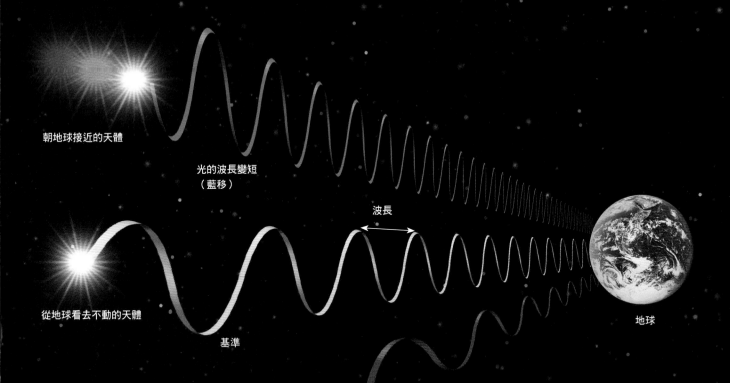

朝地球接近的天體

光的波長變短
（藍移）

波長

從地球看去不動的天體

基準

地球

背地球遠離的天體

光的波長變長
（紅移）

都卜勒效應

救護車接近時會聽到警笛聲越來越高昂，離去時會聽到警笛聲越來越低沉。高音的波長較短，低音的波長則較長。也就是說，波源接近時，波長會變短；波源遠離時，波長會變長，這稱為都卜勒效應。光也是一種波，和聲波一樣都會發生都卜勒效應。光的波長和顏色對應，波長拉長稱為「紅移」，波長縮短稱為「藍

銀河系中有多少顆恆星？

我們在星等及距離這些方面所學到的知識，可以用來幫助我們思考夜空的恆星數量。當我們述說一個很大的數量時，經常會用「多如繁星」這樣的成語。那麼，所謂的繁星，亦即實際上的恆星數量究竟有多少呢？

在夜空中，肉眼能夠看到的恆星，是視星等比 6 等更亮的恆星，數量在半個天空大概有 3000 顆，在整個天空大概有 6000 顆。這些恆星有大有小，有亮有暗，不一而足。但是我們把問題簡化，不妨假設這些恆星的亮度（絕對星等）全部都和太陽相同吧！畢竟只是概算而已。

在第2.2節提到，太陽的絕對星等是 5 等（正確來說，是4.83等）。絕對星等 5 等就是這顆恆星處於10秒差距時的視星等為 5 等。因此，夜空的恆星當中，視星等比 5 等更亮的是位於比10秒差距更近的地方，相反地，視星等比 5 等更暗的恆星則是位於比10秒差距更遠的地方。視星等 6 等的亮度比 5 等還要暗

$$\left(\frac{1}{100}\right)^{\frac{1}{5}} = \frac{1}{2.512}倍$$

（2.2）再次出現

所以，6 等星的位置應該會比 5 等星還要遠，而位於這個值的倒數開根號倍的地方。亦即

$$d = 10 \times \sqrt{2.51} = 15.8 \text{ pc}$$

因此，比 6 等星亮的6000顆恆星，都是位於15.8秒差距的距離內。

當計算半徑內側的恆星密度 n 時，把恆星數量除以半徑為 d（＝15.8pc）的球體體積，可以得到

$$n = 6000 \div \frac{4\pi d^3}{3} = 0.36$$

亦即每 1 立方秒差距有0.36顆。換算成恆星的平均距離，則為它的 3 分之 1 次方的倒數，即

約1.4秒差距。離我們最近的恆星南門二的距離大約4.3光年（約1.3秒差距），所以這個概算竟意外地算出了正確的值。

更正確的值是多少？

更正確的恆星密度，必須測定各個恆星的距離，描繪出 3 維空間的分布，再依此推算。而且並非所有恆星都和太陽相同，必須考慮「**恆星質量函數**」，亦即質量大的恆星比較少，質量小的恆星比較多。依此推定太陽附近的恆星密度為每 1 立方秒差距大約 1 顆，恆星之間的平均距離為 1 秒差距左右。

這個密度也用於推定銀河系的恆星數量和質量。假設銀河系全體恆星的密度為一定，則銀河系恆星的數量，只要把上方算出的密度乘上銀河圓盤的體積即可計算出來。設銀河系的半徑 r 為大約10千秒差距，厚度 h 為大約200秒差距，則恆星的數量為

$$\begin{aligned} N &= n \times \pi r^2 h \\ &\sim 1 \times \pi \times (10 \times 10^3)^2 \times 200 \\ &\sim 6 \times 10^{10} 顆 \end{aligned}$$

實際上銀河系的恆星密度，越往中心越急遽提高，所以實際上大約是10^{11}（1000億）顆。如果把慮及恆星質量大小的質量函數納入考量，則更正確的恆星數量為大約$10^{12\sim13}$＝1～10兆顆。

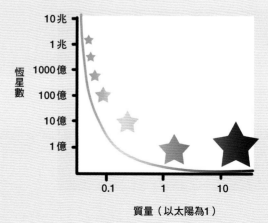

整個銀河系中各種質量的恆星數

數量稀少的巨星具有壓倒性的亮度

恆星在星際分子雲裡以集團的形式誕生。有些地方的氣體比較濃密，有些地方的氣體比較稀疏。濃密且低溫的氣體團塊會因本身重力而收縮，進而形成恆星，這種現象稱為重力不穩定（性）（第3章）。由於重力不穩定性，導致恆星的最小質量乃依星雲的性質（密度及溫度）決定，而且只會誕生比這個最小質量更大的恆星。也就是說，恆星的質量視分子雲中原本的不均勻性質而定。

分子雲不均勻的大小決定於湍流漩渦的規模分布，所以大的不均勻比較少，小的不均勻比較多。這個性質和攪動地表的空氣或水使其旋轉時形成的漩渦（湍流）規模分布相同。規模小的漩渦比較多，規模大的漩渦比較少。這稱為「柯爾莫哥洛夫的漩渦規模分布」。

由於這個性質，誕生的恆星質量分布會如實地反映分子雲的湍流規模。因此大恆星的數量比較少，小恆星比較多。這個關係式稱為「恆星的質量函數」，我們在第2.8節已經介紹過。這個關係可以用

$$\frac{dN(M)}{dM} = a\left(\frac{M}{M_\odot}\right)^\alpha = a\left(\frac{M}{M_\odot}\right)^{-2.3}$$

（a 為常數，$\alpha \sim -2.3$）來表示。這裡的 $\frac{dN(M)}{dM}$ 表示介於質量 M 和 $M+dM$ 之間的「恆星數量」。或者，也可以視為每單位質量的恆星數量。這是往右下方急遽傾斜的函數，由此可知，恆星的數量是以小恆星占有壓倒性的多數（左下方插圖）。這個關係稱為恆星的質量函數（其實是**數量函數**），但接下來要介紹的質量分布也稱為質量函數，請注意不要混淆了。

把這個數量的分布乘上質量，這麼一來即可求得恆星的質量分布。

$$\frac{d\mathscr{M}(M)}{dM} = b\left(\frac{M}{M_\odot}\right)\left(\frac{M}{M_\odot}\right)^\alpha = b\left(\frac{M}{M_\odot}\right)^{-1.3}$$

這裡的 b 為常數，$\frac{d\mathscr{M}(M)}{dM}$ 為介於質量 M 和 $M+dM$ 之間的（每單位質量的）「恆星質量」。也就是說，不僅是數量，連質量也是以小恆星占有壓倒性的分量。這個關係式稱為「**恆星的質量函數**」。

接下來看看恆星的亮度（光度），在這方面，只要知道恆星數量乘上光度的關係就行了。根據恆星內部構造的理論，光度 L 大致上與質量的 4 次方成正比 $\left(\frac{L}{L_\odot} = \left(\frac{M}{M_\odot}\right)^4\right)$，因此我們試著比照上方的式子，建立一個類似的關係式來看看吧！於是，可以得到

$$\frac{d\mathscr{L}(M)}{dM} = c\left(\frac{L}{L_\odot}\right)\left(\frac{M}{M_\odot}\right)^\alpha = c\left(\frac{M}{M_\odot}\right)^{4-2.3}$$
$$= c\left(\frac{M}{M_\odot}\right)^{+1.7}$$

這裡的 c 為常數，$\frac{d\mathscr{L}(M)}{dM}$ 為每單位質量的光度。根據這個關係式，可以發現和上方的 2 個式子不同，與質量的增減關係相反。也就是以「恆星的亮度」來說，質量大的恆星是大放光芒，小恆星則暗淡無光。這個關係式稱為「**恆星的光度函數**」。

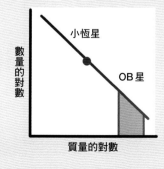
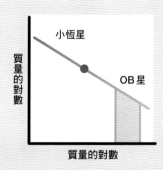
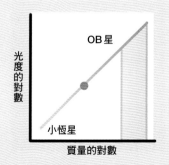

相對於恆星質量的數量分布（質量數量函數）、質量分布（質量函數）、亮度分布（光度函數）

計算黑洞的半徑

在第2.1節介紹過，恆星的一生絕大部分時間都是穩定的主序星時期。但它終究會走向生命的終點。質量與太陽相近和比它小的恆星會成為「白矮星」安靜地結束一生，而質量比太陽多許多的恆星則會爆炸成為「超新星」結束生命。中子星就是超新星爆炸之後留下的殘骸。

恆星在失去核能所供給的熱之後，會由於本身的重力不斷地收縮，縮成以物質來說小到不能再小的程度。在這種高壓高密度的狀態下，電子會埋進原子核內成為中子，這就是中子星的成因。

超新星爆炸之後殘留的恆星質量如果夠重，恆星會由於物質的壓力再也無法支撐自己，於是發生重力崩潰成為「黑洞」。

太陽及地球如果變成黑洞呢？

黑洞的質量集中於中心的「奇點」。它的周圍形成一個連光也無法脫離而看不到的「**事件視界**」，也稱為「**史瓦西球面**」。

設黑洞的質量為 M，光速為 c，則史瓦西球面的半徑 r_s 可以用

$$r_s = \frac{2GM}{c^2}$$

（2.7）

來表示，其中的（$G=6.7\times10^{-11}$ m$^3\cdot$kg$^{-1}\cdot$s^{-2}，$c=3.0\times10^8$ m$\cdot$s^{-1}）。

太陽並不會變成黑洞，但若假設有一個黑洞，它的質量和太陽一樣是 2×10^{30} kg，那麼它的半徑 r_s 將會是

$$r_s = \frac{2\times(6.7\times10^{-11})\times(2\times10^{30})}{(3\times10^8)^2}$$
$$\fallingdotseq 3.0\times10^3 \text{ m}$$
$$\fallingdotseq 3 \text{ km}$$

假設地球（$M=6.0\times10^{24}$ kg）變成黑洞的話，則它的半徑 r_s 將會是

$$r_s = \frac{2\times(6.7\times10^{-11})\times(6\times10^{24})}{(3\times10^8)^2}$$
$$\fallingdotseq 9.0\times10^{-3} \text{ m}$$
$$\fallingdotseq 9 \text{ mm}$$

把太陽的10倍質量變成黑洞的話……
插圖所示為典型的黑洞。質量達到太陽的10倍，而且所有質量集中於中心的一點。黑洞的半徑（光無法脫離之範圍的半徑）大約為30公里。

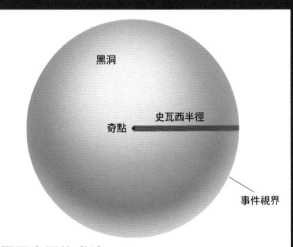

黑洞

史瓦西半徑

奇點

事件視界

黑洞半徑的求法
黑洞由中心的「奇點」和光無法脫離的境界面「事件視界」構成。黑洞的半徑也稱為「史瓦西半徑」，設黑洞的質量為 M，則可用

$r_s = \frac{2GM}{c^2}$ 來求算。

由上述可知，質量越大的天體，變成黑洞後的史瓦西半徑越大。質量為太陽100萬倍的黑洞，史瓦西半徑達到300萬公里；若為太陽的1億倍，則更廣達3億公里。而令人覺得不可思議的是，如果整個宇宙都變成一個大黑洞的話，它的史瓦西半徑大約為140億光年，和現在可觀測到的宇宙半徑差不了多少。

下一章終於要邁向銀河系了！

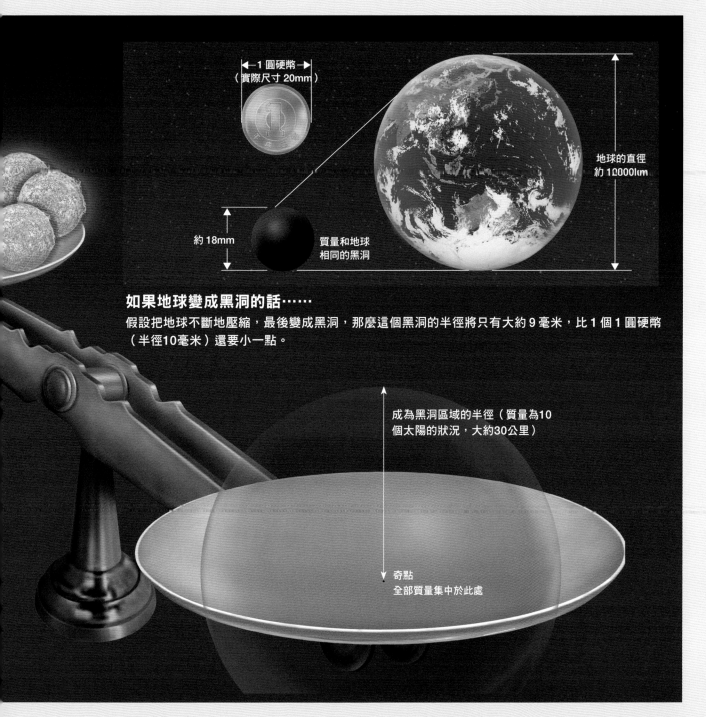

← 1圓硬幣 →
（實際尺寸 20mm）

地球的直徑
約12000km

約18mm

質量和地球
相同的黑洞

如果地球變成黑洞的話……
假設把地球不斷地壓縮，最後變成黑洞，那麼這個黑洞的半徑將只有大約9毫米，比1個1圓硬幣
（半徑10毫米）還要小一點。

成為黑洞區域的半徑（質量為10
個太陽的狀況，大約30公里）

奇點
全部質量集中於此處

利用「星際吸收定律」
數一數櫻花的花瓣片數吧！

天文學的觀測，是先測定天體的「光度」或「無線電波輻射的強度」，求得天體固有的「溫度」或「能量消耗量」等，再依據這些資料求得「能夠發光的時間」。例如，從恆星的「視光度」和「距離」求得「絕對光度」，亦即「能量消耗量」，再

把恆星擁有的「核能（質量的1000～1萬分之1的靜止能量）」除以這個消耗量，即可依此計算出恆星的「壽命」。

從恆星的減光比例，推定星際物質的數量

天體發出的光或電磁波，不僅

可用來了解天體本身的特性，也可用於推知傳送途中的星際物質之性質。例如，從原本已知絕對光度的恆星所發出的光，有時候會比依據它的距離所估計的光度還要暗一些。這是因為途中的星際物質吸收了光，導致減光的緣故。

測定（觀測）從櫻樹的根部能看到的天空比例，即可計算出花瓣的總片數。

光源發出的光在到達我們所在地之前被吸收掉的比例，可以利用途中飄浮的星際雲等物質固有的「吸收係數」來求算。相反地，如果知道原本的亮度被減光了，也可以測定減光的比例，藉此推定途中星際物質的密度及其數量。

光被吸收的比例，顯然是距離越長則越大。也就是說，因被吸收而減光的程度與「吸收係數×距離」成正比。這個量稱為「光深度」

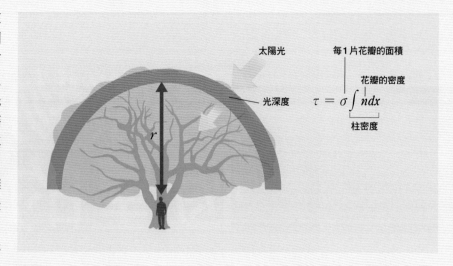

太陽光　　每1片花瓣的面積

花瓣的密度

光深度　　$\tau = \sigma \int n dx$

柱密度

依據透過櫻花樹看到的天空亮度，調查花瓣的片數

這個原理也能夠運用在日常生活中。我們就來數數看櫻花的花瓣片數吧！

像右上圖，假設我們站在一棵盛開的高大櫻樹底下，從它的根部抬頭仰望，應該只能看到一點點的天空而已。設原本的天空亮度（面積）為 B_0，透過櫻花樹能看到的天空亮度（面積）為 B，則可利用櫻花的花瓣造成的光深度 τ，記成

$$B = B_0 e^{-\tau} \tag{1}$$

光深度 τ 可使用吸收係數 κ 和距離 x 記成如下的式子。

$$\tau = \int \kappa dx \tag{2}$$

又，吸收係數 κ 可使用櫻花花瓣的密度 n 和每 1 片花瓣的面積 σ 記成

$$\kappa = n\sigma \tag{3}$$

在這裡，花瓣的面積 σ 可使用它的直徑 d 記成

$$\sigma = \pi \left(\frac{d}{2}\right)^2 \sin i$$

i 為花瓣的平均傾斜度，在這裡取45度。

於是，光深度可以用

$$\tau = \int n\sigma dx = N\sigma \tag{4}$$

來表示。在這裡，

$$N = \int n dx \left(= \frac{\tau}{\sigma}\right)$$

稱為「柱密度」。

把柱密度 N 乘上盛開的櫻樹的全部面積（半球的表面積），就可以算出櫻花花瓣的總數 $\mathcal{N}$

$$\begin{aligned}\mathcal{N} &\sim 2\pi r^2 N \\ &= \frac{2\pi r^2 \tau}{\sigma} \\ &= \frac{2\pi r^2}{\sigma}\left(-\ln\frac{B}{B_0}\right)\end{aligned} \tag{5}$$

這裡的 r 是櫻樹全體的半徑，假設與櫻樹的高度 h 相同。

舉個例子，假設樹木的高度 h（$=r$）為10公尺，花瓣的面積 σ 考慮傾斜度之後為 1 平方公分。而站在盛開的櫻樹底下仰望所看到的天空面積為原來天空的10分之 1，則

$$\frac{B}{B_0} \sim 0.1$$

所以光深度為

$$\tau = -\ln\frac{B}{B_0} \sim 2.3$$

把這個值代入上面的（5）式，可以算出花瓣的總片數為 $\mathcal{N} \sim 3 \times 10^7$，大約3000萬片。這個值究竟正不正確呢？如果想要確認，就必須把所有花瓣集中起來逐一清點。但應該沒有人會這麼做吧！ 🪐

3

星際物質與恆星的形成

宇宙中有無數的恆星存在。這些恆星究竟在什麼地方以什麼形式誕生的呢？宇宙空間充滿了稱為「星際物質」的物質，這些正是構成恆星的材料。在第3章，我們將利用數學式子說明從星際物質形成恆星到恆星死亡為止的過程。

宇宙充滿了稀薄的氣體

星際空間的氣體比地球表面稀薄了20個數量級以上。不過,那裡也不是完全真空,而是充滿了稱為「星際物質」的氣體。星際物質的成分十分複雜,從低溫的高密度分子氣體到高溫的電離氣體應有盡有。此外也含有磁力線及宇宙射線等高能量成分。以下就從低溫開始,列舉星際物質的主要成分。

分子雲

溫度低到10〜20K,密度為每立方公分100〜1萬個的高密度氫分子氣體。含有星際微塵,會吸收光,所以在天文影像中是呈現暗星雲的樣貌。氫分子會發射出紅外線的譜線,但非常微弱,不容易直接觀測。因此,改為觀測分子氣體中所含的一氧化碳(CO)等星際分子放出的毫米波譜線,據以推定氣體的質量。因為低溫而容易集結成分子雲。又大又重的雲稱為巨大分子雲,是孕育恆星的母體。

中性氫原子氣體(HI氣體[1])

溫度100〜1000K,密度為每立方公分0.1〜10個氫氣體。銀河系整體的星際物質之中,一半以上是HI氣體,另一半是分子氣體。氫氣體和分子氣體的質量占全銀河系的1成左右。

電離氫氣體(HII氣體)

溫度1萬K以上的電離氣體。在恆星形成時,剛誕生的OB型恆星等高溫恆星發出紫外線,電離周圍的氫氣體和分子氣體後產生。也含有散布於星系圓盤外側更高溫的星暈成分,這是溫度100萬K以上的稀薄高溫電漿(電離氣體)。

各種星際物質及其輻射

溫度(K)、能量	天體	譜線	連續光譜
2.7K	宇宙微波背景輻射		毫米波、次毫米波
10〜50K	分子氣體、分子雲	分子譜線	
	氫分子氣體	毫米波、次毫米波	
	微塵(星際塵)		遠紅外線
100〜1000K	中性氫(HI)氣體雲 擴散的HI氣體成分	21cm明線	
	微塵		紅外線
1萬K(約10eV[2])	電離氫(HII)氣體區	復合譜線	熱(自由〜自由)輻射
10萬〜1000萬K	超新星殘骸		非熱(同步)輻射
	擴散的高溫電離氣體 高溫氣體暈		X射線
高能量(keV-GeV)	磁場、宇宙射線 超新星殘骸、脈衝星(波霎) 銀河系中心 銀河系中心核、噴流 電波星系		同步輻射、線性偏極
超高能量(GeV-TeV)	宇宙射線	對偶消滅線	伽瑪射線

[1]:一般分為冷、溫、溫離子三種。溫度範圍是50-100(冷),6000-10000(溫),8000(溫離子)。但這一部分尚無定論,不同領域(學派)論述不同。
[2]:1eV(1電子伏特)=1.6×10^{-12}erg,1keV=10^3eV,1MeV=10^6eV,1Gev=10^9eV,1Tev=10^{12}eV。

這些氣體形成的雲飄浮在星際空間，但雲和雲之間藉由彼此的壓力支撐維持著形狀。因此無論是哪一種相的雲，其內部的壓力都大致保持一定。

氣體雲也承受著從恆星放射出來的紫外線（UV）等光壓。此外，星際磁力線貫穿雲也會有施加壓力的作用。

這些壓力都和氣體雲的壓力保持平衡的關係，所以成立如下的關係式。壓力和能量密度具有相同的因次，如果把它記成 $u = nkT$（n 為分子密度，k 為波茲曼常數，T 為絕對溫度），則

$$u_{\text{分子雲}} \sim u_{\text{HI}} \sim u_{\text{HII}} \sim u_{\text{星際磁力線}} \sim u_{\text{UV}}$$

這樣的狀態稱為**星際物質的壓力平衡**。在太陽附近的一般星際空間，這個值為大約 $u_{\text{星際物質}} \sim 10^{-12} \text{erg} \cdot \text{cm}^{-3}$。

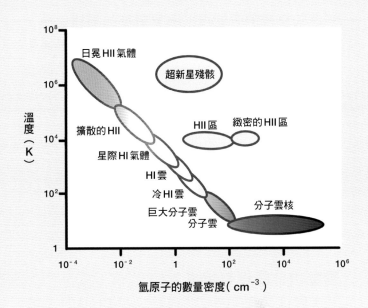

縱軸為溫度，橫軸為以氫原子的數量密度表示的氣體密度。星際氣體、星際雲會自動調整使彼此的壓力達到平衡。如果偏離平衡狀態，或重力的作用過強，就會偏離壓力平衡線的位置。

低溫且氣體密度高的分子雲
含大量微塵吸收了恆星的光，因而在照片中呈現暗星雲的樣貌。

氫分子

電離氫區（HII區）
這個區域的星際氣體吸收了年輕恆星放出的強烈紫外線的能量，因而放出明亮的光輝。

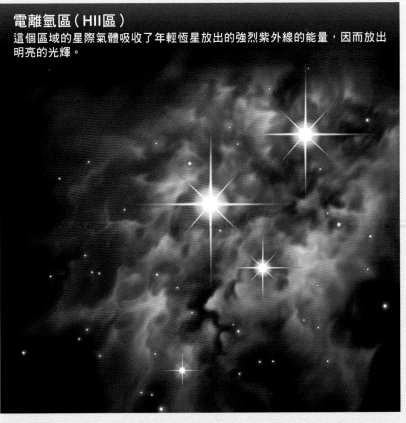

恆星是在什麼樣的環境中誕生的？

在天文學的研究中，非常重要的課題之一，就是闡明天體的起源，亦即探究恆星和星系誕生機制的天體形成論。恆星形成論是一門調查恆星

1. 由什麼物質（組成）
2. 在什麼地方
3. 以什麼方式（形成的物理）

誕生的科學。

恆星由什麼物質組成？

太陽這個具代表性的恆星，成因的第一個線索，就是調查這個天體是由什麼物質所組成。對於太陽，我們可以依據光譜等等，詳細調查太陽表面的物質組成。調查的結果發現，太陽絕大部分由氫（H）和氦（He）的氣體組成。質量比為氫占71％，氦占27％，除此之外的鋰（Li）及原子量更大的重元素占1.9％。這個組成比例和星際物質的組成比例幾乎相同。

「太陽是具有和星際物質相同
組成的氣體團塊」

根據這個觀測事實，很自然地會認為太陽是由

星際物質所組成，對於第 1 個問題「由什麼物質（組成）」，答案就是：

「恆星是由星際物質所組成（孕育而生）」

荷蘭天文學家施密特（Maarten Schmidt，1929〜）率先發現，恆星形成率和星際氣體密度之間具有密切的關係（恆星形成定律）。這項觀測成果間接證明了恆星是由星際物質所組成這件事，而這個關係現在已經成為研究恆星形成的主幹。在左下方的圖表中，橫軸為星系及銀河系中觀測到的本地星際氣體密度（表面密度），縱軸為恆星形成率（OB型恆星及HII區的密度除以恆星形成時間的值），其關係如下：

「恆星形成率與星際氣體密度
的 1 次方〜2 次方成正比」

恆星在什麼地方形成？

右頁的插圖是著名的獵戶座星雲周邊的天文照片。逐一調查照片中每顆恆星的光譜類型及光度，可藉以推定恆星的年齡。再把恆星區分成不同年齡的星團，則會發現如圖所示：古老星團、中古星團、年輕星團彼此緊鄰排列。由這樣的情形可知，在這一帶，最早是數千萬年前先在圖片的右側（西方）誕生恆星的集團，接著是中央，而中央左側（東方）直到最近才開始有恆星誕生。現在最活躍的恆星形成區域，不用說，那就是獵戶座星雲和它的星團。

這個事實顯示，恆星的形成是由西向東逐漸地轉移過去。如果這個想法正確，則在比獵戶座星雲及星團更靠左邊（東方）的地方，應該有個目前正在不斷誕生恆星的區域。這個預測的根據，是在利用可見光拍攝時只能看到一片漆黑的獵戶座暗星雲之中，改用紅外線及無線

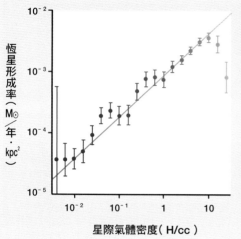

銀河系的恆星形成定律（施密特定律）。縱軸為恆星形成率，橫軸為星際分子氣體的密度。由圖可知，星際氣體越濃的地方越容易誕生恆星。

電波觀測時，卻發現了許多顯示著目前有恆星正在誕生的紅外線星。這個事實告訴我們，恆星是從暗星雲（分子雲）之類的高密度星際氣體孕育而成。也就是說，

「恆星是在暗星雲裡誕生」

而暗星雲具備了下列這些適合形成恆星的良好條件：

高密度　→　本身重力大
低溫　→　壓力低、低聲速
分子豐富　→　容易冷卻
微塵豐富　→　遮蔽光及紫外線，容易冷卻

下一節，我們將探討暗星雲（分子雲）「以什麼方式」集結形成恆星的機制。

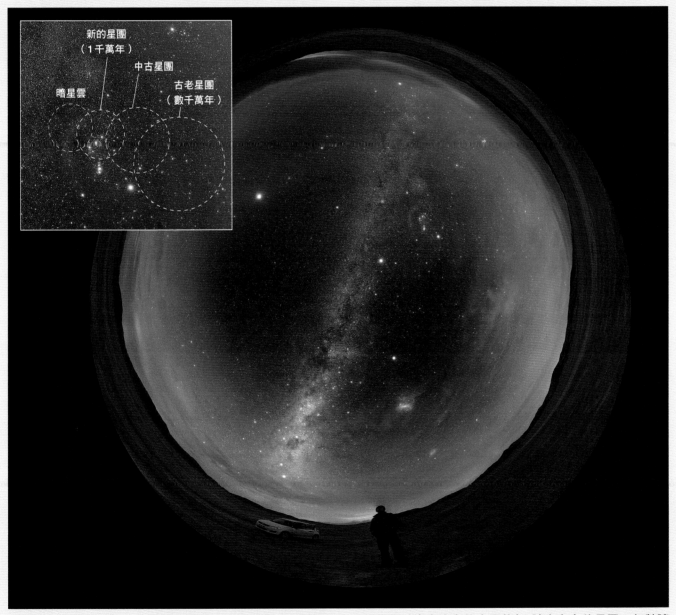

智利阿塔卡馬沙漠的夜空所看到的銀河。獵戶座位在圖像右上方的位置（左上方為放大照片），該方向上的星團，年齡隨著距獵戶座星雲（中央三顆星附近）的距離而越來越古老。也就是說，恆星的形成是由照片的右邊（西方）往左邊（東方）進行。

自身重力收縮大於氣體壓力遂形成恆星

恆星是由分子雲等較濃（密度比較高）的星際氣體，因重力而收縮成團塊，進而誕生。在這個恆星形成的過程中，「重力不穩定性」的概念扮演著重要角色。

一般認為，星際氣體並不是均勻分布，而是許多密度不一的氣體雲的集合。假設從這些雲中取出一朵來觀察。雲受到兩種力的作用，內部的壓力企圖使它膨脹擴散，本身的重力則企圖使它壓縮集結。如果壓力夠高，雲會抗拒重力而膨脹起來，或者維持著原本的大小。但是，雲若因冷卻等因素導致壓力降低，則會藉由重力而開始收縮。

重力＞壓力梯度→不穩定（雲因重力潰縮）
重力＝壓力梯度→穩定（雲保持平衡）
重力＜壓力梯度→穩定（雲因壓力膨脹）

現在，假設雲的形狀為球形，依此來思考重力不穩定性吧！雲的壓力，可用代表氣體內部能量的聲速（與溫度的平方根成正比）或湍流運動的速度（也稱為速度離散）v_σ，記成 $p = \rho v_\sigma^2$。使雲膨脹的力（壓力之半徑方向的梯度）會依據

$$壓力梯度 = \frac{p}{r}$$

而施加於雲。請注意，如果壓力沒有梯度的話，則不管壓力有多大，都不會變成驅使氣體移動的力。

促使雲收縮的力，則依據重力的定律

$$重力 = \frac{\rho G M}{r^2} \quad \left(M = \frac{4\pi r^3 \rho}{3} : 雲的質量 \right)$$

而施加於雲。因壓力而傾向於膨脹的力，和因重力而傾向於收縮的力，兩者取得平衡的話，則成立

$$\frac{\rho v_\sigma^2}{r} = \rho \frac{4\pi G r^3 \rho}{3r^2}$$

這個關係式。把式子稍微變形一下，可以得出

$$r = v_\sigma \left(\frac{4\pi G \rho}{3} \right)^{-\frac{1}{2}} = \lambda_J$$

這個簡單的關係。我們把這個半徑定義為重力不穩定的波長 λ_J。為了紀念率先精密解析重力不穩定性的英國物理學家暨天文學家金斯爵士（Sir James Jeans，1877～1946），也稱之為「金斯波長」。

這個半徑（金斯波長）的雲的質量 M_J 為

$$M_J = \frac{4\pi \lambda_J^3}{3} \rho = \left(\frac{4\pi}{3} \right)^{-\frac{1}{2}} G^{-\frac{3}{2}} \sigma^3 \rho^{-\frac{1}{2}}$$

稱為「金斯質量」。這個質量只要利用密度和湍流速度（速度離散或雲的溫度）即可計算出來。如果考慮作用於雲的重力及其內部壓力的大小關係，則大於這個質量的雲會重力收縮，小於這個質量的雲則無法收縮。

會發生重力收縮的雲稱為重力不穩定，若以式子來表示，則相當於雲的質量 M 或波長 λ_J 為

$$M > M_J \text{ 或 } r > \lambda_J$$

相反地，若為無法收縮的雲，則稱為重力穩定，在這種情況下，質量或波長為

$$M < M_J \text{ 或 } r < \lambda_J$$

如果給予星際分子氣體雲密度和湍流速度，則該氣體雲中能形成重力團塊的最小質量（波長）為金斯質量（波長）。

我們觀測實際上正在發生恆星形成的濃密星際分子雲，再把觀測到的密度和湍流速度代入，來計算看看這個雲中能形成團塊的最小質量，這個質量就是在這個雲中能夠孕育的恆星之最小質量，在該處誕生的恆星絕大多數擁有比這個更大的質量。由式子可知，密度越大，則金斯質量越小。也就是說，越是高密度的雲（核之類的地方），在該處誕生的恆星之最小質量越小。

根據觀測的結果，緊緻而濃密的分子雲密度為

$$\rho\mu \sim 10000\,H_2\,cm^{-3} \sim 3 \times 10^{-24}\,g\cdot cm^{-3}$$

這裡的 $\mu \sim 1.4$，是把觀測到的氫分子 H_2 的數量密度，以 He 等重元素的數量做修正後的係數。速度離散是依據觀測到一氧化碳等之分子譜線的最小線寬，或相當於雲的溫度 10K 的聲速，而採用大概的值

$$v_\sigma \sim 0.3\ km\cdot s^{-1}$$

把這些值代入，計算金斯波長和質量，可以得到

$$\lambda_J \sim 0.1\,pc,$$

$$M_J \sim 2M_{\odot}$$

這些值。

在這些式子中，經常出現 $\dfrac{1}{\sqrt{G\rho}}$ 這個量。這個具有時間維度的值，表示重力收縮的時間，也稱為金斯時間。在上方的試算例子中，因重力收縮而使雲的大小縮為一半所需的時間為

$$t_J = \frac{1}{\sqrt{G\rho}} = 6 \times 10^5\,y$$

也就是大約60萬年。

因重力而傾向收縮
因氣體的壓力而傾向於膨脹的作用
分子雲（暗星雲）
分子雲中密度特別濃的區域（分子雲核）因本身的重力而收縮
放大
原恆星
原行星盤

各式各樣的力給暗星雲帶來了不穩定性

「不穩定性」在天體物理學中是一個非常重要的基本概念，所以我們再詳細地說明一下！

到上一節為止所談的天體形成論，都是在講重力占有支配性地位之狀況下的重力不穩定性。無論什麼樣的天體，都會藉由本身質量所產生的重力而傾向於集結在一起。但內部的壓力會反抗這個重力，相互較勁的結果，若重力大於壓力則天體會更加聚合，若壓力大於重力則天體會膨脹起來。如果重力和壓力達到平衡，則天體會維持這樣的狀態而趨於穩定。也就是從不穩定趨於穩定並穩固下來。

瑞利—泰勒不穩定性

再來，如果我們思考重力以外的其他各種力，也可以分別設想它們的不穩定狀態及穩定狀態。以身邊的例子來說，就有一個稱為「瑞利—泰勒不穩定性」的現象。想像在水桶裡先倒入半桶的油，再從上面輕輕地注滿水。因為油和水的比重不同，比重較輕的油會往上浮，比重較重的水會往下沉。因此，這個狀態是不穩定的。把水桶稍微搖晃一下，水和油的境界面會產生微微的波動，然後波的振幅越來越大，水往下沉到水桶底部，油則往上浮。最後兩者的位置交換而成為穩定狀態。

瑞利—泰勒不穩定性也會在宇宙空間頻繁地觀測到。有名的獵戶座馬頭星雲，就是一個正在進行這種不穩定性的暗星雲。我們平常看到的照片是馬頭朝上的景象，但現在把照片倒過來看看吧（左下方照片）！這麼一來，它的構圖就變成，上方有低溫的高密度暗星雲，下方有高溫的電離氣體，電離氣體的壓力把暗星雲由下往上推。

藉由壓力推壓雲，就等同於把加速度施加於雲。這和承受了重力（向下的加速度）的水和

瑞利—泰勒不穩定性發生於密度不同的兩種流體的境界面。承受重力的水和油的層次調換現象，以及受到電離氣體推壓（給予加速度）的暗星雲，都是因為這個不穩定性，進行調換而造成密度的大小反轉。左邊照片為馬頭星雲，右邊照片為老鷹星雲（M16）。

克耳文—亥姆霍茲不穩定性發生於兩個不同流速的流體層的境界面，旗子隨風飄動、風吹水面興起水波等現象，以及星際雲表面產生波的現象，都是因為這個不穩定性所造成。上方照片為老鷹星雲表面的克耳文—亥姆霍茲波。

快速的流動
緩慢的流動

油的關係是相同的原理。基於這個原理，密度大且重的暗星雲和密度小的電離氣體會傾向於互相調換，這個正在往下沉而拉得又細又長的場景，就成了我們拍攝到的馬頭形狀。

克耳文—亥姆霍茲不穩定性

日常生活中的另一個不穩定性的例子，是「克耳文—亥姆霍茲不穩定性」。例如風吹過水面使水面產生波的現象，還有旗子被風吹而擺動的現象等等。星際雲的周圍有星際氣體的風在吹拂時，也會發生這種克耳文—亥姆霍茲不穩定性。上方的照片所示，就是金牛座暗星雲表面產生的克耳文—亥姆霍茲波。

對流現象

除此之外，還有各式各樣的不穩定性存在。在燒開水的時候，會產生「對流」，使得溫度（密度）高的部分和低的部分調換，也是一種熱的不穩定性。太陽等恆星從中心送出的熱加溫大氣下部時也會產生對流。在太陽表面的照片中，可以看到一種稱為米粒組織的構造，就是這個對流現象。

熱不穩定性

上述這些現象都是由於運動學的因素而引發的不穩定性，除此之外，還有因為星際氣體的冷卻及熱的進出發生的「熱不穩定性」，這類熱力學因素所引發的現象也為人熟知。星際氣體擴散的時候，會放出無線電波或紅外線而逐漸冷卻，但充滿星際空間的宇宙射線和湍流會把它壓縮而加溫，冷卻和加溫取得平衡後維持著穩定的狀態。

我們想像這個穩定狀態稍微偏倚，導致某朵雲微微收縮的場景，氣體的冷卻率與密度的 2 次方成正比而變大，所以密度稍微變濃的雲會進一步冷卻，導致壓力下降，接著被周圍壓縮，使密度更加提高。這麼一來，冷卻率又再上升，導致更冷更收縮。這個相乘效果，使得雲一開始冷卻之後，就會比周圍更加急速收縮。

即使沒有重力或氣體的流動，熱不穩定性也具有在平靜的星際空間產生密度的濃淡而創造出雲的作用。星際物質的主要成分是氫氣，由高溫低密度而擴散開來的中性氫氣（HI）、低溫高密度的中性氫原子雲，以及極低溫且極高密度的分子雲（暗星雲）這三種相組成。這些曾經是不穩定的狀態，後來藉由熱不穩定性加以區隔的結果，成為最穩定的狀態終至穩固下來。

利用「波動方程式」解讀不穩定性

先前我們一直在談論各種波會不會成長的「不穩定性」，但若要把這些現象做更具物理性的表述，就必須尋求數學的幫助才行。因此，在天體物理學中，經常運用一些方法來處理「波」這種身邊常見的現象。

在均勻的氣體或流體表面形成的小小漣漪究竟會不會大幅成長，可以藉由調查這個波隨著時間經過會衰減（穩定）或成長（不穩定）來加以判斷。若要以式子來表示這個波（亦即波動現象），則必須使用以下這個稱為「波動方程式」的式子。

設波的振幅和密度濃淡以 u（微小的變數）來表示，並假設它的值為時間 t 和距離 x 的函數，則當沒有外力（重力等）及內部的衰減時，u 的行為可以用

$$\frac{\partial^2 u}{\partial t^2} = a^2 \frac{\partial^2 u}{\partial x^2}$$

這個方程式（波動方程式）來表述，這裡的 a 為常數。若是普通的波，可以利用這個方程式的解（三角函數）記成

$$u = u_0 \cos(\omega t - kx)$$

這個式子用於表示振幅保持不變，而以波數（波長的倒數）k、頻率數 ω 持續振動的波。

在實際的天體和物理現象中，會有各式各樣的力在作用。當有外力造成的攝動（微小的力）在作用的時候，這個式子要加上相當於小力的項，而導出

$$u = u_0 \cos(\omega t - kx) + \Delta$$

這樣的式子。Δ 為含有 u 本身的函數，它的解仍然可以解成含有振動的三角函數形式，但是和普通的波不一樣，有時候頻率會變成虛數（2 次方會成為負值的量）。在這樣的場合，sin、cos 的式子可以記成含有時間的指數函數形式。在時間的指數函數為正值的場合，會像

$$u = u_0 e^{\omega t}$$

（$\omega > 0$）這樣，隨著時間一起漸漸變大。如果具有這樣的解，則稱這個系統為「不穩定」，密度產生不均勻，各自藉由本身的重力集結在一起。相反地，如果是像

$$u = u_0 e^{-\omega t}$$

這樣的負指數函數，則振幅 u 會隨著時間的經過而衰減，波會逐漸消失，原本因重力而傾向於收縮的雲，被內部的壓力強力反彈回去。如果是這樣的情形，則稱這個系統為「穩定」。

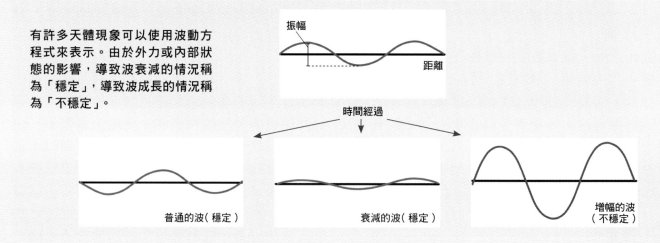

有許多天體現象可以使用波動方程式來表示。由於外力或內部狀態的影響，導致波衰減的情況稱為「穩定」，導致波成長的情況稱為「不穩定」。

振幅

距離

時間經過

普通的波（穩定）

衰減的波（穩定）

增幅的波（不穩定）

進入暗星雲會是一片漆黑

恆星離我們越遠，則視亮度（星等）越暗，這一點是不說自明的。但是在實際的宇宙空間，除了距離的因素之外，也經常因為被途中的星際物質吸收，而看起來更暗。事實上，由於銀河系的中心密集有數量驚人的恆星，如果全部都能看到，則銀河將會成為一條璀燦耀眼的明亮帶子。

可是，當我們以肉眼觀察，或拍攝天文照片的時候，銀河卻因為被黑矇矇的帶子所吸收，幾乎完全被遮蔽住。它的減光量大約為3個星等，變成只有兆分之1的亮度。這是因為在銀河盤面上懸浮著無數的「暗星雲」（分子雲）的緣故（右邊圖像）。

一般星際空間的星際吸收量，是依據星際物質主成分氫氣的柱密度[※]而定，每 $3 \times 10^{21} cm^{-2}$ 會減光1個星等。以太陽附近的星際氣體密度而言，如果把它改換成距離來計算，則大約1kpc（3000光年）會減光1個星等。由於銀河圓盤的厚度遠比這個還要薄，所以從太陽看到的星空，在遠離銀河的方位角上幾乎沒有被吸收；但是在沿著銀河（銀河面）的方向上，則只能看到幾千光年遠而已。

不過，雖然銀河系中擠滿了暗星雲，但剛好太陽附近暗星雲沒有那麼密集，所以我們才能很幸運地看到夜空的點點繁星，並且得以觀測銀河圓盤外面的無數星系及無垠的深宇宙世界。

太陽系如果衝入暗星雲的話？

如果我們闖入暗星雲裡面的話，看到的夜空會是什麼景象呢？讓我們想像一下，太陽系衝入獵戶座星雲中的典型暗星雲裡面，暗星雲的氣體密度每1cc（$1 cm^3$）有大約1000個氫分子，雲的大小是100～200光年左右，所以，如果站在它的中間，則我們的周圍會分布著100光年 $\times 1000$ 個/cc $= 10^{23} cm^{-2}$ 柱密度的星際氣體。

把它換算成光的吸收量，和現在我們周圍的情形比較起來，宛如有一個能夠減光約30個星等（兆分之1）的厚雲包圍著我們。也就是說，夜空會變成一片黑暗，而我們只能看到幾光年以內的少數恆星隱約泛著紅光，成為一個孤寂荒涼的世界吧！

然而，假設我們是站在它的邊緣，那麼我們將會看到非常奇特的夜空，有一半的天空可看到繁星閃爍，而另一半的天空好像被挖成一個黑漆漆的大洞！ 🪐

※：柱密度請參照第60頁的COFFEE BREAK 5。

獵戶座的分子雲之一，被稱為「馬頭星雲」的暗星雲。如果置身於這樣的雲中，所看到的夜空將是一片漆黑。

遭紫外線電離的高溫氣體以超聲速膨脹

以絕美的天文照片名聞遐邇的「玫瑰星雲」，是一個被剛誕生的星團照射而電離的 1 萬 K 的高溫氣體團塊。紅色的光芒是電離的氫冷卻回復為氫原子，移轉到較低的激發態時所放出的譜線。

恆星從分子雲集體誕生而組成星團。在第 2 章曾經介紹過，恆星的亮度幾乎全由大質量恆星包辦。尤其是含有OB型或 A 型恆星時，星團的光度大半都是倚仗這些大質量恆星輻射出的紫外線。

周圍的分子雲和中性氫雲受到紫外線的照射，電離成為大約 1 萬 K 的高溫電漿。原本溫度數十至數百 K 的低溫氣體突然受熱達到 1 萬 K，所以壓力也增大100到1000倍，因此，熱氣體會推壓周圍的冷氣體而急遽膨脹。1 萬 K 的氣體想要以該氣體的聲速（每秒10公里左右）擴張開來，但包圍著它的冷氣體只有每秒 1 公里左右的聲速，所以氣體產生超聲速的衝擊波而膨脹成為球殼狀。這種高溫氣體團塊稱為「電離氫區」或「HII區」。

受電離的 1 萬 K 的氫氣會放射出特有的Hα線，這是6563埃（656.3奈米。奈為10億分之1）的紅色明線。天文照片中經常可見的美麗紅色星雲，就是依循這種機制所形成的HII區。右頁的 2 幅圖像分別為玫瑰星雲的可見光彩色照片及利用10GHz觀測的無線電波照片。玫瑰星雲中，膨脹的電離氣體不僅驅趕周圍的低溫氣體雲，並前後貫穿成圓筒狀，所以中心絕大部分清晰可見。此外，如果仔細觀察比對可見光和無線電波的圖像，可以發現，可見光圖像的右下部分被暗星雲遮住，但無線電波圖像則全部一覽無遺。

電離是什麼？

所謂的電離，是指在氫原子等中性原子裡，原本被原子核束縛的電子，受到紫外線（UV）等光子的照射而接收能量（被激發），脫離原子核的引力成為自由電子，飛出原子外面。因此，光子的能量必須高到足以把電子趕出去的程度才行。

以氫原子來說，這個能量是13.6電子伏特（符號為 eV，1eV＝1.6×10^{-12} erg），換算成波長為912埃。如果使用波長比這個還短的紫外線加以照射，則即使處於最低能量位階的氫原子也會被電離。如果是原本就已經受熱加溫而處於較高位階的話，則即使以能量較低的光加以照射也會發生電離。跑出去的自由電子和因電離而裸露的原子核（質子）組成大約1萬K的高溫電漿。

因紫外線而膨脹的氣體

OB型恆星之類的大質量恆星會放出大量的紫外線。1 顆O型恆星的光度 L 為太陽的10萬倍左右，亦即 $L \sim 10^5 L_\odot = 2 \times 10^{38}$ erg·s^{-1}。其中大半是以波長比紫外線波長更短的光輻射出來。輻射出來的光子數量以每秒多少個來表示，即

$$N_{\mathrm{UV}} = \frac{L}{h\nu} \sim \frac{10^5 L_\odot}{1.6 \times 10^{-12}}$$
$$\sim 10^{49} \mathrm{UV} \text{ 光子·s}^{-1}$$

O 型恆星每秒鐘即以這個數量的 UV 光子電離中性氫。

已經電離的氣體也會因為質子和電子的碰撞，放出熱而逐漸冷卻，有可能再度與質子結合而回復為原子，這個現象稱為復合。在 O 型恆星發亮的期間，電離與復合保持平衡，使得一定半徑球中的氣體維持著電離的狀態，這樣的球稱為「斯特龍根球」。

設它的半徑為 R_{HII}，電子和離子的密度分別為 n_{e}、n_{i}，則電子和離子碰撞而復合的次數，和受到恆星放出的紫外線照射而電離的次數，兩者保持平衡，因此以下的關係成立。

$$\frac{4\pi R_{\mathrm{HII}}^3}{3} \alpha n_{\mathrm{e}} n_{\mathrm{i}} \sim \frac{4\pi R_{\mathrm{HII}}^3}{3} \alpha n_{\mathrm{e}}^2 \sim N_{\mathrm{UV}}$$

這裡的 α 是稱為復合率的常數，等於電子和離子碰撞的截面積和電子速度相乘的值。若截面積為氫原子半徑之圓的大小（大約10^{-8}cm），碰撞的速度為聲速（秒速km$\cdot$s^{-1}），則復合率的值為 $\alpha \sim 4 \times 10^{-13}$ cm$^3 \cdot$s^{-1}。

把上式改寫如下，

$$R_{HII} \sim \left(\frac{3N_{UV}}{4\pi\alpha n_e^2} \right)^{\frac{1}{3}}$$

$$\sim 5.9 \text{ pc} \left(\frac{N_{UV}}{10^{50} \text{ s}^{-1}} \right) \left(\frac{n_e}{100 \text{ cm}^{-3}} \right)^{\frac{2}{3}}$$

即可用來求算電離氫區球的半徑。若是OB型恆星（$N_{UV} \sim 10^{50}$ s^{-1}），電離氫區球的半徑大約為6pc。

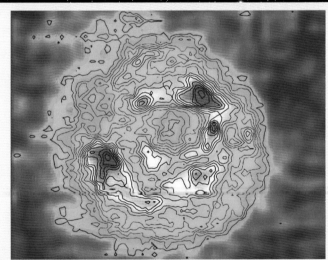

玫瑰星雲是一個巨大的電離氫區（HII區）。中心附近的大質量恆星輻射出強烈紫外線，把氫氣電離成電漿，推壓周圍的雲而膨脹成球殼狀，最後突破成為圓筒狀。玫瑰星雲是穿透圓筒筒身所看到的景象。下方圖像是利用無線電波觀測玫瑰星雲的圖像（根據祖父江義明的觀測）。在可見光所拍攝得圖像中，可看到右下部分被暗星雲遮住了。

比太陽更大的恆星以大爆炸終結一生

恆星藉由核融合釋放能量而發光，但能量並非取之不盡用之不竭，演化到最後，就結束它的一生。核融合會把一部分質量轉換成能量而釋放出來，順帶一說，太陽每秒鐘釋放出 $L_\odot = 3.85 \times 10^{33}\,\text{erg} \cdot \text{s}^{-1}$ 的能量，把這個能量換算成質量，$L_\odot / c^2 = 4.3 \times 10^{12}\,\text{g} \cdot \text{s}^{-1} = 4.3 \times 10^6\,\text{t} \cdot \text{s}^{-1}$，亦即每秒鐘有大約400萬公噸的質量在核融合中失去。恆星在一生中會失去多少質量，可以用這個值乘上恆星的壽命來計算，以太陽來說，大約是全部質量之0.1%的程度。

即使是不同質量的恆星，也沒有多大的差異。一般恆星在處於主序星的時期，會失去它的全部質量的0.1至0.3%（圖）。

恆星結束生命的瞬間，會依它的質量而發生迥然不同的變化。質量和太陽差不多或更小的恆星，一過了從氫到氦的核融合的主序星時期，就不再發生核融合，安安靜靜地度過餘生。不過，在核融合反應結束的時間點，恆星由於失去熱源，導致內部收縮，因此把龐大的重力能量在一時之間以熱的形式釋放出來。由於這個熱能，使得恆星的外緣部分大幅膨脹，成為一顆紅巨星。然後，轉而冷卻收縮，最終成為一顆白矮星而結束一生。

另一方面，質量比太陽大上許多的恆星，則會進行從氫到氦、碳及更重元素的核融合，中心區域成為密度非常高的核心區域。核心進行核融合到產生鐵的時候會突然停止。鐵核停止放出熱（伽瑪射線）之後，接下來轉而開始吸收周圍的光（伽瑪射線），使得核心失去輻射壓而急速冷卻，並失去壓力。光的吸收發生在相當短的時間內，所以整個恆星突然變成失去來自中心壓力所支撐的狀態，於是再也無法支撐重力而塌陷。這個塌陷的時間，在重力不穩定性的章節已經介紹過，重力收縮的時間尺度（金斯時間）可用

$$t \sim \frac{1}{\sqrt{G\rho}}$$

來表示。

大質量恆星的核心，無論是氣體的壓力或光的壓力都再也無法支撐，導致塌陷成原子核緊密接觸的高密度狀態。假設密度為原子核的密度，則為 $\rho \sim m_\text{H} / (10^{-13}\,\text{cm})^3 \sim 2 \times 10^{15}\,\text{g} \cdot \text{cm}^3$，金斯時間為 $t \sim 10^{-4}$，非常短暫。在實際的恆星核心，原子核彼此的接觸比較鬆散一點，所以核心的重力塌陷時間可能在1秒左右。

無論如何，和恆星的一生比起來，這個塌陷的結局事實上只發生在瞬間，可說是非常劇烈。塌陷會止於恆星的中心點，亦即會停止在一個點。塌陷在中心被煞住時所產生的反作用，成為強烈的衝擊波，把恆星的外側吹走，這就是超新星爆炸。這個時候，瞬間放出的能量大約在 10^{50} 爾格至 10^{51} 爾格這麼龐大。這個能量足以匹敵太陽一生（100億年）所釋出的總能量。

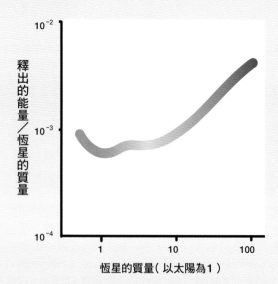

把恆星終其一生所釋出的能量換算成質量，除以本體質量的值。恆星的0.1至0.3%的質量會藉由核融合轉換成能量，以光的形式釋放出來。

氫

質量為太陽 0.08～
0.46 倍的恆星

氫層

氦核

行星狀星雲

質量為太陽 0.46～8 倍
的恆星到此為止

氫層
氦層
碳及氧核

質量為太陽的 8～10 倍的恆
星到此為止
有些形成行星狀星雲，有些發生
超新星爆炸

質量為太陽 0.08～8 倍的恆
星平靜地迎接死亡（形成行
星狀星雲）

氫層
氦層
碳及氧層
氧、氖及鎂核

質量為太陽 10 倍以上的恆
星到此為止

恆星的質量不同，「結局」也就不同。輕～中等的恆星（約太陽8倍以下）會緩緩地釋出氣體，平靜地迎接死亡（形成行星狀星雲）。另一方面，大質量恆星（約太陽8倍以上）則發生劇烈的爆炸（超新星爆炸）而迎接死亡。中心區域在爆炸之後會殘留下來，成為幾乎全由中子構成的「中子星」，或是連光也會被其重力吞噬的「黑洞」。

氫層
氦層
碳及氧層
氧、氖及鎂層
矽層
鐵核

質量為太陽 8 倍以上的恆星發生劇烈
的爆炸（超新星爆炸）而迎接死亡

H

He

超新星爆炸

Si

在中心附近（氧、氖、鎂層的附
近以內），由於衝擊波的加熱，
爆炸性地進行新的核融合反應，
再度合成元素，產生鐵、鎳、
矽、硫、鈣等新元素。

Fe

鐵核

放大

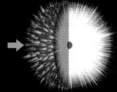

往外側行進的
衝擊波

衝擊波到達恆星
的表面

Mg

鐵核的重力塌陷

中心區域停止收縮，
成為堅硬的團塊

Ne

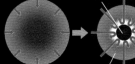

往外側行進的衝擊波

C

收縮的鐵核

落下來的周圍物質，撞擊已經停止收縮
的堅硬中心區域，被反彈回來而產生衝
擊波。

O

多種元素被拋撒到宇宙空間

超新星的殘骸在星際空間逐漸膨脹

恆星如果成為超新星而爆炸，則它的大部分能量會藉由微中子釋放到宇宙空間。還有一部分會成為被吹飛的恆星外殼的運動能量，造成周圍星際氣體的過熱及壓縮。受爆風壓縮的星際氣體成為球殼形的衝擊波往周邊傳送，這就是我們觀測到的超新星殘骸。

超新星殘骸的氣體因為受到壓縮而升溫，釋放出從可見光到伽瑪射線等各種波長的電磁波。此外，它也壓縮星際磁場，加速宇宙射線（高能量電子或原子核），並且因為宇宙射線電子和磁場的交互作用所產生的同步輻射，而放射出強烈的無線電波。

爆炸後數年的時間，從恆星吹出去的氣體往周邊飛散而膨脹。在100年左右的期間內，如果被掃攏的星際物質的量比從恆星吹出去的氣體更多，則它膨脹開來的形狀會變成幾近球形。這種球形衝擊波會持續膨脹1萬年左右，最後消散於星際空間。

膨脹的速度，不用說，當然是在剛爆炸時最為快速，然後隨著膨脹而急遽減慢。我們先來簡單地計算一下超新星殘骸的演化，假設星際氣體因為衝擊波而全部聚攏在半徑 R 的球殼上，而且恆星本身的質量比起聚攏的氣體小得多。

設球殼的質量為 M，因為爆炸的能量 E 被轉換成這個球殼膨脹的運動能量，所以成立

$$E = \frac{Mv^2}{2} \quad \left(這裡的 M = \frac{4\pi R^3}{3}\rho \right)$$

的關係式。請注意，這個是運動能量的式子，因為 M 是半徑 R 裡面的星際物質聚集而成，所以能以上列式子呈現。這裡的 ρ 為氣體的密度。因此，可以改成

$$E = \frac{2\pi}{3}\rho R^3 v^2$$

由於超新星爆炸所注入的能量 E 和星際氣體的密度 ρ 為一定值，所以這個關係式是表示半徑

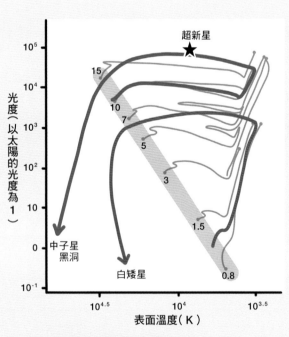

在赫羅圖上描繪的恆星的一生。

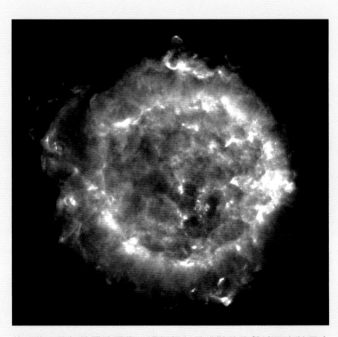

仙后座A的無線電波圖像。這個超新星殘骸的衝擊波面由於同步輻射而發出耀眼的光芒。

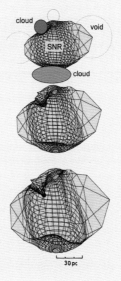

超新星的衝擊波在星際空間傳播的時候,與星際雲碰撞而產生各式各樣的變形,使得整個殘骸的形貌也產生大幅的扭曲。左邊照片為金牛座中編號S147的古老超新星殘骸的可見光圖像,可以看到外殼的形狀扭曲得非常厲害。右圖為模擬這個超新星殘骸的衝擊波在各種雲之間傳播時產生扭曲的模樣。(取自祖父江義明的論文)

R 和膨脹速度 v 的關係。

把膨脹速度改寫成半徑的函數,可以得到

$$v = \left(\frac{3E}{2\pi\rho}\right)^{\frac{1}{2}} R^{-\frac{3}{2}}$$

這個關係式。由此可知,超新星殘骸的膨脹速度與半徑的1.5次方成反比而減速。

以下這個部分,只要略讀即可,但如果讀者對微分和積分很熟,則可以留意速度為長度(半徑)的時間微分,記成

$$v = \frac{dR}{dt} = \dot{R}$$

再藉此把上式改寫成 R 對 t 的微分方程式的形式。由於 E 和 ρ 為常數,所以解這個式子可得

$$V = \dot{R} = \left(\frac{3}{2\pi}\right)^{\frac{1}{2}}\left(\frac{E}{\rho_0}\right)^{\frac{1}{2}} R^{-\frac{3}{2}}$$

$$R = \left(\frac{5}{2}\right)^{\frac{2}{3}}\left(\frac{3}{2\pi}\right)^{\frac{1}{5}}\left(\frac{E}{\rho_0}\right)^{\frac{1}{5}} t^{\frac{2}{5}}$$

$$V = \left(\frac{5}{2}\right)^{-\frac{3}{5}}\left(\frac{3}{2\pi}\right)\left(\frac{E}{\rho_0}\right)^{\frac{1}{5}} t^{-\frac{2}{5}}$$

在這裡,以超新星殘骸的平均觀測值 R =100pc,t =1000年為單位,並且以 10^{51} 爾格來測量爆炸的能量,則可以改寫成

$$V = 31.1\,\mathrm{km \cdot s^{-1}} \left(\frac{E_{51}}{\rho\mathrm{H}}\right)^{\frac{1}{2}}\left(\frac{R}{100\,\mathrm{pc}}\right)^{-\frac{3}{2}}$$

$$R = 21.1\,\mathrm{pc}\left(\frac{E_{51}}{\rho\mathrm{H}}\right)^{\frac{1}{6}}\left(\frac{t}{1000\text{年}}\right)^{-\frac{2}{5}}$$

$$V = 2088\,\mathrm{km \cdot s^{-1}}\left(\frac{E_{51}}{\rho\mathrm{H}}\right)^{\frac{1}{5}}\left(\frac{t}{1000\text{年}}\right)^{-\frac{3}{5}}$$

這樣的式子。這裡的 E_{51} 和 $\rho\mathrm{H}$ 如下所述。

$$E_{51} = \frac{E}{10^{51}}\mathrm{erg}$$

$$\rho\mathrm{H} = \frac{\rho_0}{1\,\mathrm{H \cdot cm^{-3}}} = \frac{\rho_0}{1.6735 \times 10^{-24}}\mathrm{g \cdot cm^{-3}}$$

請注意,在這些關係式中,$\frac{E}{\rho}$ 總是成組出現。如果爆炸能量和周邊氣體密度的比為一定數值,則半徑、速度、時間的關係會變得相同。

超新星殘骸的球殼狀波面在星際空間傳播時,會和各式各樣的雲碰撞而變形。我們也可以利用這一點,從殘骸的扭曲形態來推定星際雲的分布和密度等等。上方圖像是把編號S147的古老超新星殘骸的可見光照片,以及模擬在雲間傳播時球殼扭曲變形的結果,拿來做比對。像這樣,我們也能夠利用超新星殘骸的形狀,推斷星際氣體的詳細密度分布。

超聲速的星際氣體製造出衝擊波

有些天文現象和衝擊波有關。衝擊波是氣體以超過聲速的速度（超聲速）撞擊牆壁等物體時發生的現象。聲速是指聲波傳播的速度，和組成氣體的分子或原子由於熱運動而飛來飛去的速度大致相等。

星際氣體的溫度，以中性氫（HI）氣體來說，溫度 T 大約為100～1000 K，它的聲速（c_s）大約為

$\sqrt{\dfrac{\gamma kT}{m_H}} \sim 1\,\text{km·s}^{-1}$；分子氣體的溫度為

10～100K，聲速大約為0.1 km·s^{-1}。

另一方面，在星際空間氣體的運動速度大多為超聲速。例如，湍流的速度（v_σ）大約為10 km·s^{-1}，電離氫區膨脹的速度（v_{HII}）也是大約10km·s^{-1}，而超新星殘骸的膨脹速度（v_{snr}）達到100～1萬km·s^{-1}。這些比起聲速都非常快速，所以星際空間可以說是充滿了超聲速現象。氣體如果彼此碰撞，會產生衝擊波，所以星際空間到處都可以觀測到衝擊波現象。

以下簡單說明衝擊波的機制，分成兩個狀況：第一個狀況是氣體處於絕熱（沒有熱的進出，亦即不會冷卻）的狀態。假設壓力具有與密度的 γ 次方成正比的性質。

$$p \propto \rho^{\gamma}$$

假設空氣及電離氣體等具有 $\gamma = \dfrac{5}{3}$ 的值。

現在想像一下密度 ρ_1 的氣體以超聲速撞擊牆壁（活塞）的情形，這個時候氣體被壓縮，密度升高到 ρ_2，因此分成兩個不同密度的區域。在它們的境界面，會形成壓力及密度呈階梯性變化的不連續面，這就稱為衝擊波。

如果站在這個不連續面上去觀察，會看到從上游流過來的密度 ρ_1、速度 u_1 氣體，在這個面被壓縮，變成密度 ρ_2、速度 u_2 往下游（牆壁的方向）流去。設兩者的溫度為 T_1、T_2，壓力為 p_1、p_2。相對於衝擊波前方的氣體，後方的氣體是以如下的壓縮率提高密度。

$$\frac{\rho_1}{\rho_2} = \frac{\gamma - 1}{\gamma + 1}$$

在 $\gamma = \dfrac{5}{3}$ 的場合，是被壓縮為

$$\frac{\rho_2}{\rho_1} = \frac{\gamma + 1}{\gamma - 1} \sim 4\text{倍}$$

要注意的是，以絕熱的衝擊波來說，無論流速及聲速（溫度）是多少，壓縮率都會保持一定數值（在這裡是4倍）。

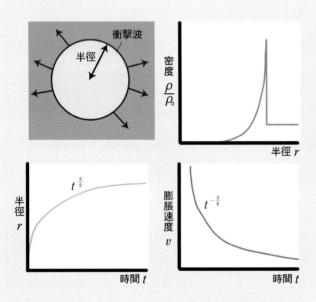

超新星殘骸的模型。（左上）構造、（右上）相對於半徑的密度、（左下）半徑的時間演化、（右下）膨脹速度的時間變化。

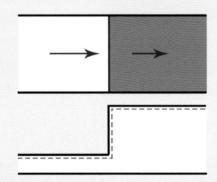

如果星際氣體以超聲速碰撞其他氣體，會產生不連續面而形成衝擊波。

另一個狀況是氣體容易冷卻，即使被壓縮也會立刻冷卻而不會升高溫度的情形（$T_1 = T_2 =$ 定值）。這樣的狀態稱為等溫，壓力單純地與密度成正比。在這種場合，壓縮率可以用流動的速度來表示，記成

$$\frac{\rho_2}{\rho_1} \sim \left(\frac{u_1}{u_2}\right)^2$$

這個式子表示，在不連續面的前後，氣體動量的流量相等。而且，如果考慮到被壓縮的氣體之流速和聲速相同，則這個式子可以用馬赫數 $M = \dfrac{u_1}{c_s}$ 記成近似的

$$\frac{\rho_2}{\rho_1} \sim M^2$$

除了像超新星爆炸這種特別劇烈的例子之外，星際空間比較近似於容易冷卻而維持等溫的狀況。因此，我們可以認為，和周圍的密度相比，衝擊波的密度是與馬赫數的 2 次方成正比而受到壓縮。例如，馬赫數為10，亦即氣體以10倍的聲速碰撞時，可以估算出密度被壓縮至周圍的100倍。

以下列舉幾個在星際現象中發現的各式各樣衝擊波的例子。

行星弓形震波

地球等行星暴露在太陽風這種超聲速電漿流的吹襲下。以超聲速朝地球奔馳而來的氣體，在撞到地球的磁氣圈時，會產生弓形震波。不過，這個時候並非氣體之間的碰撞，而是來自太陽的磁力線和電漿拉扯地球的磁力線所造成的形狀，屬於一種電磁流體的衝擊波。

恆星風震波

太陽不斷地朝星際空間噴出高溫電漿，這稱為太陽風。同樣地，所有恆星都會吹出恆星風。恆星風的速度高達每秒數百公里，撞擊周圍的星際氣體製造出衝擊波的氣泡。因為眾星

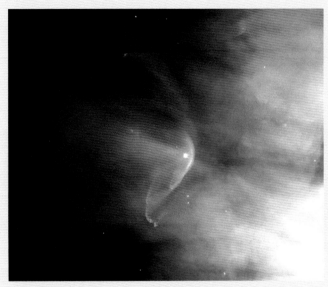

恆星弓形震波的例子。獵戶座星雲附近的年輕恆星「獵戶座LL」噴出恆星風，導致產生弓形的震波。

恆星風震波的例子。仙后座「氣泡星雲（NGC 7635）」裡面的O型恆星以超聲速噴出恆星風，造就出這樣的氣泡構造。

是以每秒10公里左右的速度在任意運動，所以這個氣泡在運動的恆星前方遭到壓縮，在其後方則被拉伸，形成類似彗星的尾巴。這稱為彗狀弓形震波。

宇宙噴流前端

從原恆星噴出的噴流以超聲速衝入周圍的氣

體中，在其前端產生衝擊波。波面為類似弓狀的圓錐形。這是稱為弓形震波的衝擊波現象。從活躍星系噴出具星系規模的巨大宇宙噴流，其前端也經常能觀測到。

HII區

電離的高溫電離氫氣體開始膨脹之後，以超聲速流進周圍的分子氣體裡，在它的境界面產生衝擊波。氣體的冷卻效率很高，所以氣體被壓縮成高密度的狀態，在衝擊波面附近促進了恆星的誕生。

彗狀HII區

電離區域呈圓形膨脹開來，最後突破分子雲的表面，朝密度較低的雲外噴出。該場景看起來好像是彗星尾巴的形狀，所以稱為彗狀HII區。分子雲和HII區的境界面以超聲速相互接觸，形成衝擊波。

超新星殘骸

前節所述伴隨超新星產生的球殼狀衝擊波，是星際衝擊波的典型。其初期表現出絕熱的行為，到了後期形成等溫之高壓縮率的球殼。

星系衝擊波

螺旋星系的旋臂是因為恆星聚集而造就出重力谷地的地方。星際氣體流進這個重力谷地時會加速，但是位於前方的氣體因為想要爬上重力谷地的對面而減速。因此，流進的氣體會在重力谷地（旋臂）追撞前方的氣體。朝重力谷地落下的速度為超聲速，所以產生衝擊波。這個現象稱為星系衝擊波。氣體沿著旋臂受到壓縮，促進了恆星的形成，所以旋臂上聚集著許多明亮的年輕恆星。旋臂也是因此才會閃閃發亮。

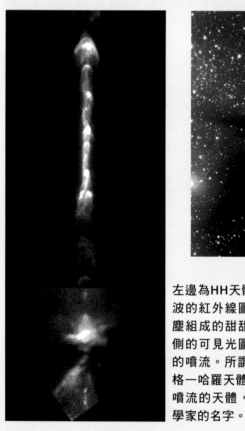

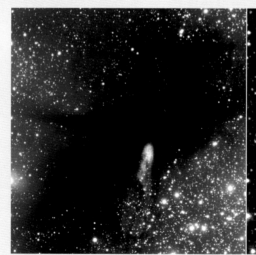

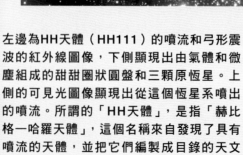

左邊為HH天體（HH111）的噴流和弓形震波的紅外線圖像，下側顯現出由氣體和微塵組成的甜甜圈狀圓盤和三顆原恆星。上側的可見光圖像顯現出從這個恆星系噴出的噴流。所謂的「HH天體」，是指「赫比格—哈羅天體」，這個名稱來自發現了具有噴流的天體，並把它們編製成目錄的天文學家的名字。

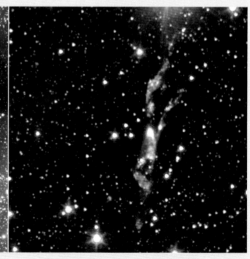

上方為突破暗星雲後發達起來的彗狀電離氫（HII）區（左側可見光圖像中央下方的黃色部分）。在右側的紅外線圖像中，可看到暗星雲裡面編號「BHR 71」的兩顆年輕恆星，以及從該處射出來的噴流。

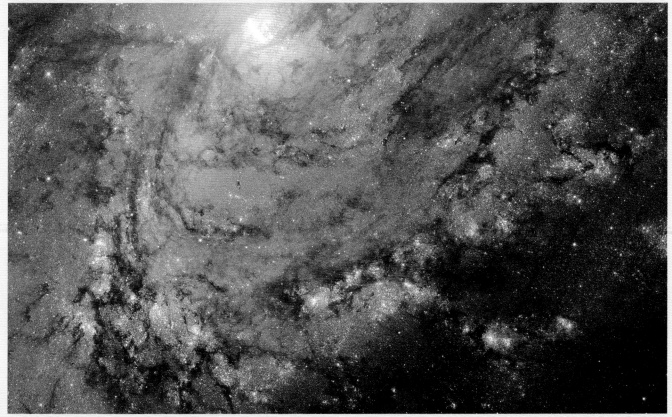

上方為超新星殘骸SN 1006。下方為M83的星系衝擊波，以及在該處誕生之恆星所製造的HII區群衝擊波。

4

銀河系

「銀河系」是包含太陽的恆星集團。太陽在距離銀河系中心大約 2 萬5000光年的地方，以秒速大約220公里的速度運行。依據簡單的計算可知，太陽繞轉銀河系一圈要花上2億年左右的時間，這稱為「1 銀河年」。利用牛頓的「萬有引力定律」，可以簡單地計算出銀河系的質量。此外，我們也來計算看看，似乎存在於銀河系周圍的「暗物質」，量究竟有多大吧！

利用各種波長所看到的銀河系

我們利用可見光看見的銀河系，是一個直徑10萬光年的巨大圓盤，因此，如果從內側往中心方向看去，會看到圓盤面附近有許多恆星聚集，在天上形成一條明亮的帶狀，如同照片中的場景一般。中國及日本稱這條亮帶為銀河，西方則稱之為牛乳大道（Milky Way）。在近代天文學中，銀河系是一個星系，因此結合銀河和星系的名稱，把它取名為銀河系。

利用不同波長而穿透銀河面附近的暗星雲

在利用可見光看到的銀河系中，可以發現數量驚人的暗星雲緊貼著銀河盤面散布成帶狀。由於光（可見光）被這些暗星雲大量吸收，所以無法看穿整個銀河系。

要注意的是，下方照片所顯示的銀河盤面附近的恆星，絕大多數是位於幾千光年以內的距離，以整個銀河系而言，可以說只能看到非常鄰近的範圍。如果要看穿整個銀河系，必須穿透沉澱於銀河面的暗星雲板塊才行。

吸收光的暗星雲本尊是星際微塵的粒子，顧名思義，類似粉塵和煙霧。每一個粒子的大小只有 1 微米左右，但是當光照射在它上面時，

光不是被反射（散射），就是被吸收，因此遭到遮擋。

不過，如果利用波長比微塵尺寸更長的光（電磁波），就可以看穿這些暗星雲，所以能夠觀測到銀河系的中心及另一側。利用波長比數微米更長的「紅外線」看到的銀河系，和利用可見光看到的銀河系相比，真是大異其趣。利用紅外線看到的圓盤部位和中心部位都變得非常明亮，這表示，恆星不僅集中在銀河圓盤，同時也大量密集於中心部位。

如果進一步利用「無線電波」進行觀測，可以發現還有各式各樣的構造噴到銀河面外側。這些構造因為各種活動現象從銀河圓盤噴出的東西，或是因為銀河系中心的爆炸現象而和釋出的宇宙射線和磁力線等等混雜在一起，以不同的電磁波發出光線。

描繪銀河的整體圖像

由上可知，我們的銀河系（銀河）是距離最近的星系，而且從無線電波到伽瑪射線的所有波段都不停在做詳細觀測。所以一般大眾會以為，關於它的構造和物理性質，想必已經進行了鉅細靡遺的研究吧！但實際上並不是這樣。

困難的理由在於，我們只能從側面觀測銀河系，並在其內側跟著一起旋轉。如果不了解其背後的模樣，就無法描繪出整體的圖像。那有什麼方法可以讓我們根據銀河系望去的樣子、旋臂的形狀，描繪出三維空間的圖像呢？

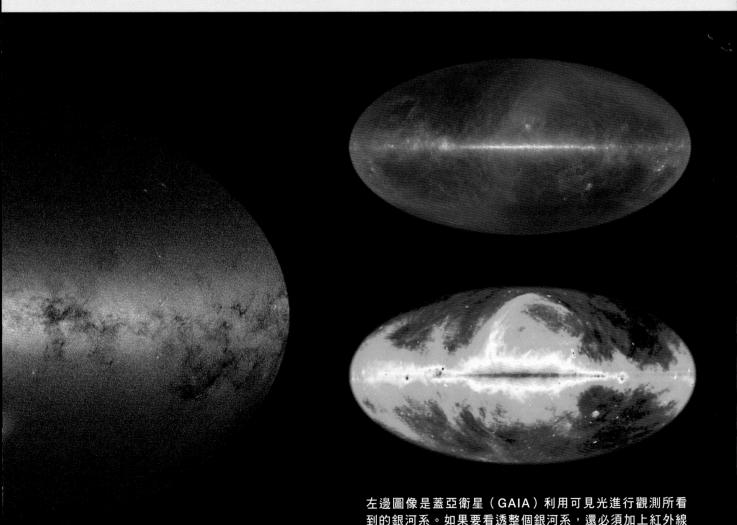

左邊圖像是蓋亞衛星（GAIA）利用可見光進行觀測所看到的銀河系。如果要看透整個銀河系，還必須加上紅外線（右上）及無線電波（右下：取自HaSlam *et al*，1982的論文）的觀測。

電磁波的種類和性質

在此彙整說明各種電磁波的性質。首先，依照波長由短至長，或頻率由高至低（每秒鐘的振動數）的順序，大致分為伽瑪射線、X射線、紫外線、可見光、紅外線、無線電波等類別（如下表）。這些主要以人為取向分類的觀測裝置、收訊裝置，就電磁波的性質而言並沒有任何差異，只是單純地波長不同而已。

誠如前頁所介紹的銀河系，雖然是相同的天體，但若利用不同波長的電磁波進行觀測，所看到的樣貌會有很大的差別，理由就在於輻射源根據波長而異的性質。利用這一點，我們可以依據天體的類別或想知道的物理性質，選擇合適的波長進行觀測。

伽瑪射線是宇宙射線等高能粒子撞擊星際物質時輻射出來的電磁波。照片所示為銀河系內充滿宇宙射線照射星際分子雲而發光的情景。

X射線是100萬K至數千萬K的高溫氣體輻射出來的電磁波。絕大多數來自超新星殘骸及充滿星系暈的高溫電漿。

紫外線大多是由表面溫度數十萬K的高溫恆星輻射出來。**光（可見光）**則大量由表面溫度數千K的普通恆星輻射出來。肉眼看到的銀河，就是無數顆這種恆星聚集形成的帶狀。

紅外線之中比較接近可見光的**近紅外線**，是來自低溫恆星，它的亮度分布最能忠實反映銀河系的恆星分布及構造。而**遠紅外線**則是來自星際微塵的黑體輻射，主要顯示出數百K的低溫星際氣體的分布。

無線電波依波長有不同的名稱，包括波長為mm以下的次毫米波、毫米波、公分波、公尺波等等。不過，這些和我們在電視及行動電話等通訊上所使用的無線電波相同。在輻射源方面，熱性電波伴隨著星系圓盤的恆星產生的電離氫區（HII區），從數萬K的電離氣體所輻射出；非熱性電波是由宇宙射線的電子（高能電子）纏繞星系磁場所發射出來的同步輻射；分子譜線等線性光譜電波則是由中性氫所發出的波長21cmHI譜線、分子氣體所放射出。

我們可以測定譜線因都卜勒效應而造成的波長（頻率）偏移，藉此求算天體及氣體的徑向速度，以便獲得銀河系的運動及旋轉等動力學的資訊。除此之外，我們也可以運用譜線來進行質量的測定以及銀河系地圖的繪製。

電磁波的種類和性質

種類	波長・能量	輻射的性質	天體的例子
無線電波	毫米至公尺波	熱輻射	HII區
		同步輻射	星系圓盤、超新星殘骸、中心核
		線性光譜（原子・分子）	中性氫氣體、分子雲
		線性光譜（分子）	邁射源
遠紅外線	10－100 μm	黑體輻射	星際微塵
近紅外線	1－10 μm	黑體輻射	低溫恆星
可見光	400－800 nm	黑體輻射	太陽等恆星
		再電離線	HII領域、超新星殘骸
紫外線	10－400 nm	黑體輻射	高溫恆星
X射線	1－100 keV	高溫電漿熱輻射	超新星殘骸、星系暈
伽瑪射線	1Mev－100 GeV	逆康普頓散射	宇宙射線、星際氣體

利用從無線電波到伽瑪射線的不同波段觀測到的銀河盤面附近。

如何求算至銀河系中心的距離？

即使遙遠的恆星，也能利用各種方法推定它的絕對光度，再把它和視光度做比較依此求出距離。而如果能夠決定各個恆星的距離，就能描繪出我們銀河系這個恆星大集團的全貌。我們就來想像一下銀河系的面貌。

銀河系的中心在什麼地方？

銀河聚集了無數恆星，這一點只要拿起望遠鏡仰望天空就能明白。根據恆星分布的樣態，應該會察覺到，恆星集團分布為凸透鏡的形狀，而我們是從它的側面觀望。

尤其是在夏天前往南半球的人，應該會注意到銀河在天頂呈現完美的凸透鏡形狀。以後如果有機會前往南半球的話，一定要抬頭仰望天頂，好好地觀察一下銀河。

接著，把望遠鏡沿著銀河移動觀察，數一數在相同視野中能看到的恆星數量，這麼一來，你就會發現，恆星的數量在夏天的人馬座方向上非常多，離此處越遠則數量越少。

到了冬天，在與人馬座剛好相反側的御夫座、英仙座方向上，銀河變得極小。根據這樣非對稱的恆星分布，可以知道我們絕對不是處在分布成凸透鏡狀的眾星（亦即銀河系中心）當中。它的中心是在可以看到最多恆星的人馬座方向上。

銀河系中心和太陽系的距離有多遠？

所以我們的太陽系距離銀河系中心有多遠呢？

銀河系中心附近聚集著大量的恆星，但很可惜的是，被分布於銀河面的暗星雲遮住了，只靠可見光觀測幾乎看不到中心區域。因此，改為觀測離銀河圓盤比較遠的地方，再據以測定中心的位置。

球狀星團廣泛分布於銀河系中，而且整體而言，大致呈球對稱的分布。球狀星團的距離可以利用光學觀測的方法加以推定，例如，我們可以利用在第2.5節說明的「天琴座RR型變星」，或是根據組成星團的恆星「赫羅圖」等等，做比較精確的測定。如果能夠知道多個球狀星團的距離，便能描繪出它們的三維空間分布。而全體球狀星團分布的中心，就有可能是銀河系的中心。

依照這樣的方法所求得的銀河系中心，位於人馬座方向上，距離地球大約 2 萬 5000 光年的地方。也就是說，太陽系位於離銀河系中心 2 萬 5000 光年遠的銀河圓盤內。

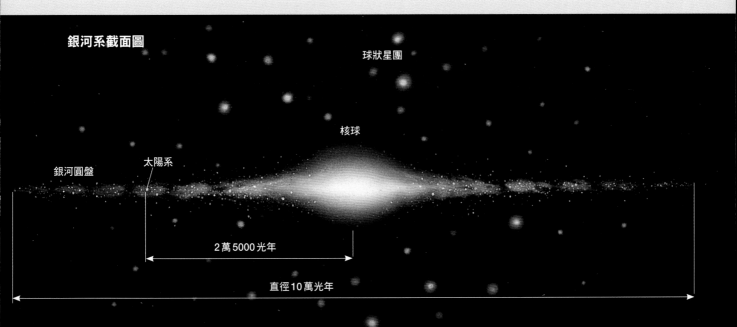

銀河系截面圖

球狀星團

核球

銀河圓盤　　太陽系

2 萬 5000 光年

直徑 10 萬光年

太陽繞行銀河系一圈大約 2 億年

我們知道了太陽系在銀河圓盤內的位置，那太陽在銀河系中是怎麼運動的呢？太陽周圍的恆星，亦即夜空的群星，在銀河系中的運動狀態和太陽幾乎相同，所以，調查這些鄰近恆星的運動，並無法得知太陽在銀河系中如何運動。因此，改為利用無線電波觀測銀河系邊緣的氣體，調查它們的速度以便了解太陽相對於銀河系邊緣的運動。

以這樣的方法，調查太陽及其鄰近恆星的平均運動，得知我們是以秒速200公里的狂飆速度在移動。這個速度必定就是太陽系繞著銀河系中心公轉的速度。

如前節所述，銀河系中心到太陽的距離——亦即太陽的軌道半徑——為大約 2 萬5000光年。因此，太陽的公轉週期 P 為

$$P = \frac{2\pi R}{V}$$
$$= \frac{2\pi \times (2.5 \times 10^4) \times (9.5 \times 10^{12})}{200}$$
$$\fallingdotseq 7 \times 10^{15}（秒）\fallingdotseq 2 \times 10^8（年）$$

大約 2 億年。太陽繞行銀河系一圈所花費的時間稱為「1 銀河年」。科學家推論太陽是在距今大約46億年前誕生，所以46÷2＝23，**太陽出生至今也才繞行銀河系公轉23次而已。**當太陽上次在銀河系的另一側時，恐龍正在地球上散步。

銀河系的內側和外側都以相同的速度在旋轉

知道了太陽的位置和運動之後，接下來就能調查銀河系中恆星及氣體的運動，進而了解整個銀河系是以何種方式在旋轉。研究的結果發現，銀河系的恆星和氣體從中心到外側都以幾乎相同的速度在旋轉。

不只我們的銀河系，其他星系也以同樣模式旋轉。而且不是像太陽系的行星這樣，越靠外側則轉得越慢。但也不是像光碟片（CD）那樣，越靠外側轉得越快。這可以說是銀河系特有的旋轉方式。

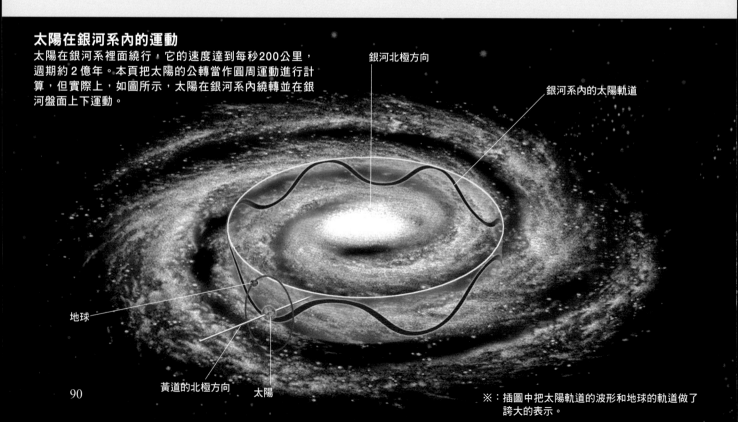

太陽在銀河系內的運動
太陽在銀河系裡面繞行，它的速度達到每秒200公里，週期約 2 億年。本頁把太陽的公轉當作圓周運動進行計算，但實際上，如圖所示，太陽在銀河系內繞轉並在銀河盤面上下運動。

銀河北極方向

銀河系內的太陽軌道

地球

黃道的北極方向　太陽

※：插圖中把太陽軌道的波形和地球的軌道做了誇大的表示。

天體的旋轉、宇宙的南北

地球的旋轉（自轉）依據角動量守恆定律，旋轉軸（自轉軸）的方向不會改變。因此，我們把旋轉軸的方向定義為南北，作為生活上的座標。與地球的旋轉軸垂直的面稱為「**赤道面**」。旋轉軸和赤道面是地表上東西南北、經度和緯度的依據，也是天文學上最基本的座標系——**赤道座標系**的基準。

旋轉是所有天體共通的性質，想要發現不旋轉的天體非常困難。這件事也意味著，一切天體都存在著南和北。

太陽系也在旋轉。地球的公轉面稱為「**黃道面**」，我們可以把與黃道面垂直的方向定義為太陽系的南北。以這些軸和面為基準的座標系稱為「**黃道座標系**」。太陽、行星及其衛星都各自在旋轉並維持著一定的旋轉軸，因此擁有各自的南北。黃道面和赤道面傾角大約23度，所以地球上有四季的分別。

銀河系和眾星系也在旋轉，也各自擁有南北和星系面。以銀河系來說，沿著銀河盤面，以銀河中央的大圓為銀河赤道，與銀河赤道垂直的方向則為銀河的南和北。依據這個軸和銀河面的座標系稱為「**銀河座標系**」。

銀河赤道、赤道及黃道面，在物理上並沒有特殊的關聯。包括太陽在內的眾恆星旋轉（自轉）軸，如果考量到恆星形成的過程，可以說是相當隨機。

如上所述，所有天體都在旋轉且都擁有旋轉軸，亦即南北。那麼，比星系更大的天體，例如星系團和宇宙的大規模構造（超星系團），是不是也在旋轉呢？到目前為止，還沒有實際觀測的證據，所以並不清楚。

不過，對於宇宙目前最有力的概念是「均質與各向同性」（任何地方都很平坦，也沒有既定的方向）。這是在進行觀測以前，作為宇宙論的大原則而根深柢固的觀念，並非依據實際的觀測。宇宙是不是在旋轉，是不是擁有南和北，這將是未來的重大研究課題。

天體的旋轉，是天文學上永遠的主題之一。從托勒密到伽利略，從天動說到地動說，這段天文學的歷史同時也是天球和天體旋轉的歷史。宇宙的旋轉，或許將成為未來的爭論焦點。　🪐

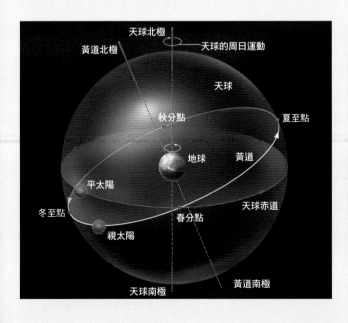

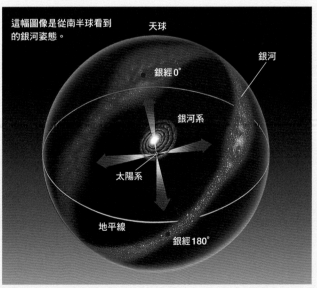

這幅圖像是從南半球看到的銀河姿態。

銀河系的質量為太陽的2000億倍

了解銀河系的大小和旋轉，就能據此求算銀河系的質量。首先，我們來算算看太陽軌道內側的銀河系質量。

在這裡，要利用在第1.4節中從牛頓「萬有引力定律」衍生出來的

$$M = \frac{RV^2}{G}$$

（1.4）再次出現

繞著銀河系中心公轉的太陽軌道半徑 $R_\odot$ 大約 2 萬5000光年（第4.2節），太陽的軌道速度 $V_\odot$ 每秒大約200公里（第4.3節），所以根據（1.4）式，太陽軌道內側的銀河系質量 M_0 為

$$M_0 = (2.5 \times 10^4) \times (9.5 \times 10^{12})$$
$$\times (200 \times 10^3)^2 / (6.7 \times 10^{-11})$$
$$\sim 2 \times 10^{41} \text{kg}$$

太陽的質量為 2.0×10^{30} 公斤，所以太陽軌道內側的銀河系質量為它的 10^{11} 倍，亦即擁有1000億個太陽的質量。

包括外側的質量是多少？

接著來算算看，含太陽軌道外側在內的全部銀河系的質量有多大吧？銀河系的質量分布成圓盤狀，因此，計算的範圍距離銀河系中心的半徑越大，亦即越往銀河系外側，其總質量越大。我們取一個距離銀河系中心的半徑為 R 的地方，設該處恆星的軌道速度為 V_R，在 R 內側的銀河系圓盤的質量為 M_R，則根據（1.4）式，

$$M_R = \frac{RV_R^2}{G}$$

但是，銀河系從中心區域到外側的每個地方都大致以均速在旋轉（第4.3節），所以該處的 V_R 為一定。G 也是常數，所以質量 M_R 與半徑 R 成正比，

$$M_R = \frac{R}{R_0}M_0 \tag{4.1}$$

我們並沒有觀測到銀河系圓盤有明確的邊緣，也就是說，沒有一個銀河系的盡頭到此為止的邊境存在。因此，我們選擇一個圓盤亮度小於某個定值的地方當作銀河系的邊緣，它的半徑 R_A 大約 5 萬光年。如此一來，即可利用（4.1）式，計算銀河系的質量 M_A 為

$$M_A \sim \frac{5 \times 10^4}{2.5 \times 10^4}M_0 \sim 2M_0$$

由此可知，銀河系的質量約為太陽質量的2000億倍。

求算太陽軌道以內的銀河系質量

太陽在距離銀河系中心約 2 萬5000光年的地方，以每秒約200公里的速度運動。設太陽的軌道半徑為 R_0，公轉速度為 V_0，則銀河系在太陽軌道以內的質量 M_0 可以利用牛頓的「萬有引力定律」

$$M_0 = \frac{R_0 V_0^2}{G}$$

來求算。

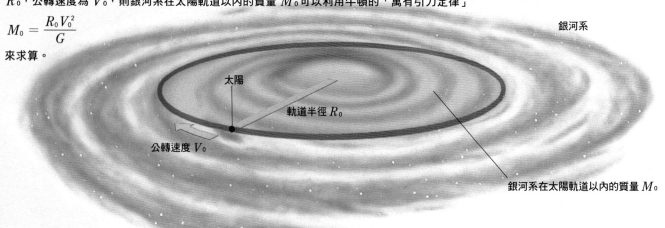

銀河系

太陽

軌道半徑 R_0

公轉速度 V_0

銀河系在太陽軌道以內的質量 M_0

到大麥哲倫星系為止的暗物質質量是？

現在來談一個現代天文學中讓天文學家傷透腦筋的大問題，那就是「暗物質（看不見的質量）」的謎題。銀河系的質量與半徑成正比增加，這個質量的增加關係，一直延續到銀河系的外頭。根據觀測結果，得知仙女座星系也呈現相同的質量分布。也就是說，我們的銀河系和仙女座星系，在質量方面似乎接續在一起。

無論是銀河系或仙女座星系，在它們的周遭都幾乎看不到任何恆星等天體存在。但是，質量卻依然連綿不斷，這種神祕的重力源稱為「暗物質」，而這個包圍著銀河系的暗物質區域則稱為「暗暈」。

大麥哲倫星系是銀河系的伴星系，雙方距離16萬光年。假設銀河系和大麥哲倫星系之間充滿了暗物質，那麼我們來算算看，到大麥哲倫星系為止的暗物質和銀河系的總質量 M_G 吧！設銀河系的質量為 M_A，則根據第4.4節的（4.1）式，

$$M_G \sim \frac{16 \times 10^4}{5 \times 10^4} M_A$$
$$\sim 3.2 M_A$$

這表示，從銀河系到大麥哲倫星系之間一片漆黑的宇宙空間，竟然有質量為銀河系2倍以上的暗物質存在。

求算暗物質的質量

銀河系的周圍似乎有無法利用光及無線電波觀測到的「暗物質（看不見的質量）」存在。從銀河系到距離大約16萬光年的大麥哲倫星系之間，可能也充滿了暗物質。設銀河系的質量為 M_A，則暗物質和銀河系的總質量 M_G 可利用

$$M_G \sim \frac{16 \times 10^4}{5 \times 10^4} \times M_A$$

來求算。

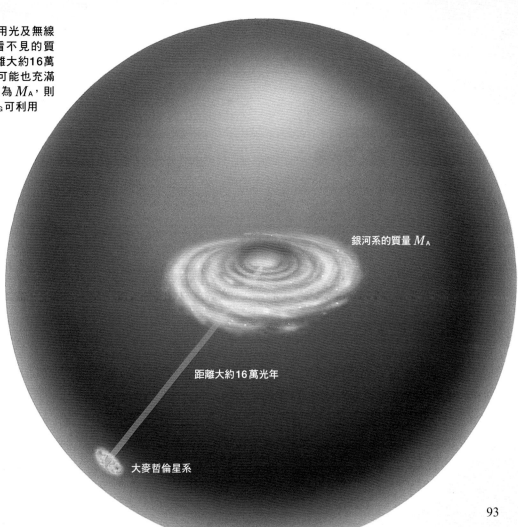

銀河系的質量 M_A

暗物質和銀河系的總質量 M_G

距離大約16萬光年

大麥哲倫星系

從天體的旋轉速度調查質量的分布

在第4.3節的最後提到，如果求出太陽在銀河系中的位置（到銀河系中心的距離）以及旋轉速度，就能得知銀河系全體對太陽的相對旋轉樣態。在這裡介紹一下這個方法。

首先，利用都卜勒效應，觀測銀河系各地方恆星和星際氣體的徑向速度。如果知道該天體的距離，則可假設它在做圓周運動，再依據徑向速度計算出旋轉速度。這個方法適用於已經利用三角測量等方法測定出其距離的恆星。

另一方面，對於星際氣體等不容易測定距離的天體，則可以藉由測定徑向速度達到最快的「旋轉運動之切線方向的速度」來求算。這個方法可適用於中性氫氣體發出的21cm明線及分子雲發出的CO明線等等。

藉由測定銀河系各個地方的恆星及星際氣體的旋轉速度，可以求出圓盤各個半徑之處繞著銀河系公轉的速度。利用這個方法獲得的旋轉速度相對於半徑的變化圖稱為「**旋轉曲線**」。左下方的圖像即為銀河系的旋轉曲線。

觀察旋轉曲線可知，銀河系大致是以200～220km·s^{-1}的速度在旋轉。該性質和行星在太陽系中以克卜勒運動環繞太陽公轉完全不同。在第1章曾經說明，由於行星系的質量集中於太陽這個中心點，所以旋轉速度與半徑的2分之1次方成反比減少。相對於此，銀河系的公轉速度大致固定，亦即旋轉曲線保持平坦。

這件事透露出，銀河系的質量並非集中於中心一點，而是普遍分散於各處。那來想想看，如果要圓滿說明旋轉曲線，它的質量分布會是什麼樣的情況？經常使用的方法，是把銀河系或星系中的質量分布分解成若干部分，再看看如果把它們加總起來能不能重現觀測到的旋轉情形。通常是分成核球（中心區的圓形明亮部分）、圓盤、暗暈這3個，或是再加上中心含有超大質量黑洞的緻密核心共4個部分。

現在假設分成上述4個質量，以各別的質量和分布作為參數，嘗試進行調整，使其充分重現依據觀測所繪製的旋轉曲線（具體而言，就是使用「最小平方法」求取統計上可能最正確的參數組合）。調整之後得知，以虛線表示的各個旋轉曲線組合，能夠充分重現全體的旋轉曲線。最後，把暫定的質量分布加總起來，便可得到銀河系的質量分布（右下圖）。

根據這個結果，銀河系的質量分布如下：中心區域的核心擁有大約10^{9}倍太陽質量（M$_\odot$）分布於100pc的範圍內、核球擁有10^{10}倍太陽

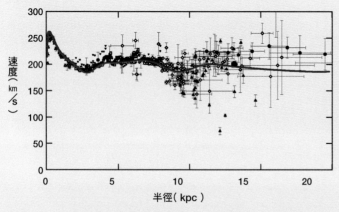

在銀河系的各個半徑之處所觀測到的公轉速度，以及利用平滑曲線把它們連接而成的近似旋轉曲線，大致上相當平坦。

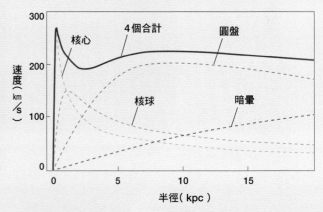

為求重現觀測的結果，先假設分為4個質量（中心的核心、核球、圓盤、暗暈），分別計算速度（各條虛線），再加總起來（實線）。

質量分布於500pc、圓盤擁有10^{11}倍太陽質量分布於5～10kpc、暈擁有比圓盤更大的質量分布於10～20kpc。這裡要注意的是，在因恆星發亮的圓盤外側，竟然必須擁有巨大的質量才行。這個暈是一個沒有恆星使它發亮，一片漆黑卻擁有巨大質量的奇妙區域，稱為「暗暈」。充滿這個區域的物質稱為「暗物質」。

也可以利用旋轉速度，直接計算質量的分布。利用這種直接方法所得到的銀河系質量（表面密度）分布，如本頁右下圖所示。插圖所示為以虛線表示的指數函數型表面密度分布。它的中心是個越靠近核球和超大質量黑洞則密度越急遽增大的高密度區域。中心的外側被密度平順減少的圓盤包圍著。值得我們注意的是，在外緣部分的密度分布，偏離這個圓盤分暈的斜率而變得比較平坦。這個部分與暗暈對應。

前面雖然是在討論銀河（銀河系）的旋轉和質量的分布，但其實在仙女座星系等幾乎所有的螺旋星系，都可觀測到非常相似的旋轉曲線和質量分布。而且毫無例外，這些星系都被暗物質組成的暗暈包圍著。

有趣的是，調查銀河系和仙女座星系這種毗鄰星系的質量分布，發現彼此的暗暈互相擴散到對方的地盤，以至於沒有明確的境界。也可

銀河系圓盤氣體的運動和都卜勒效應

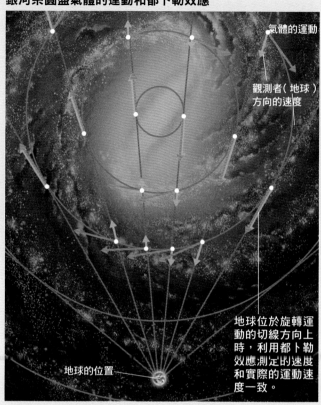

利用都卜勒效應測定銀河系圓盤的氣體運動概念圖。黃色箭頭表示利用都卜勒效應測定的速度，粉紅色箭頭表示推定的圓盤旋轉運動。

以說，銀河系和仙女座星系是藉助於暗物質連接在一起。

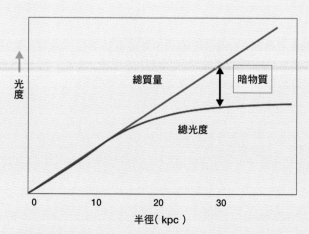

銀河系的質量分布（藍）和光度分布（紅）。光度在某個半徑之外就不再增大，但質量不論到多遠的地方都持續增大。

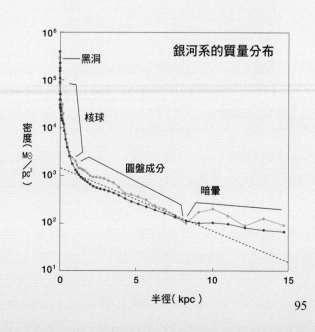

根據旋轉曲線繪製銀河系的地圖

銀河系的旋轉曲線並非僅用於調查質量分布及力學構造，對於銀河系中的所有天體而言，它在只要測量徑向速度就能知道位置（距離）這件事情上，扮演著非常重要的角色。

我們已經知道了太陽的位置（距離銀河系中心2.5萬光年）和旋轉速度（銀經90度方向上為秒速230 km·s^{-1}），還有銀河系的旋轉曲線。因此，我們可以在銀河系中任取一點，求得該點對於太陽的相對速度，並且也可以簡單地計算出它在徑向上的分量。在整個銀河面進行這樣的計算，然後依此畫出徑向速度的等速線，即成為左下方的圖。這個圖稱為「徑向速度場」。

現在，假設我們對於某個不知道距離的天體（氣體雲或恆星），測量了它的徑向速度。天體的方位角（銀經、銀緯）當然已經知道了。再來，試著在上述的徑向速度場中，從太陽朝那個方位角（銀經）追溯徑向速度。這麼一來，應該可以追溯到與這個天體被觀測到的徑向速度相等的等速線。這個地方，就是該天體的位置。這種方法稱為「速度—位置轉換法」。

利用觀測到的旋轉曲線，以及依據旋轉曲線所繪製的徑向速度場，便可以依據整個銀河系的中性氫氣體的21cm明線和一氧化碳（CO）分子的明線的都卜勒效應所得之徑向速度（下圖），描繪出這些氣體的分布圖。

右頁上圖即為利用這個方法繪成的銀河系星際氣體地圖。紅色顯示中性氫（HI）氣體的分布，綠色顯示分子氣體的分布。由圖可知，氫氣廣泛散布於整個銀河系，中心區域並不多，而相對地，分子氣體則聚集在中心區域。右頁下圖是把這個圖從斜側面俯視的立體鳥瞰圖。圖中可清楚看到，銀河系的中性氫氣體如雲一般地綿延繚繞的景象。

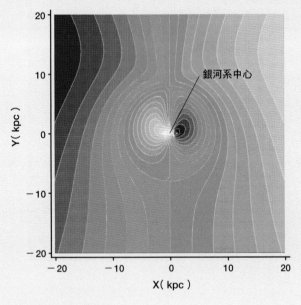

銀河系的徑向速度場。

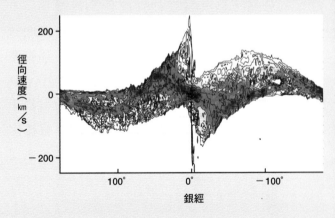

利用波長21cm明線觀測的中性氫氣體其徑向速度的銀經分布。若依據旋轉曲線製作徑向速度場，即可把徑向速度轉換成縱深，因而能繪製出銀河面上的地圖。

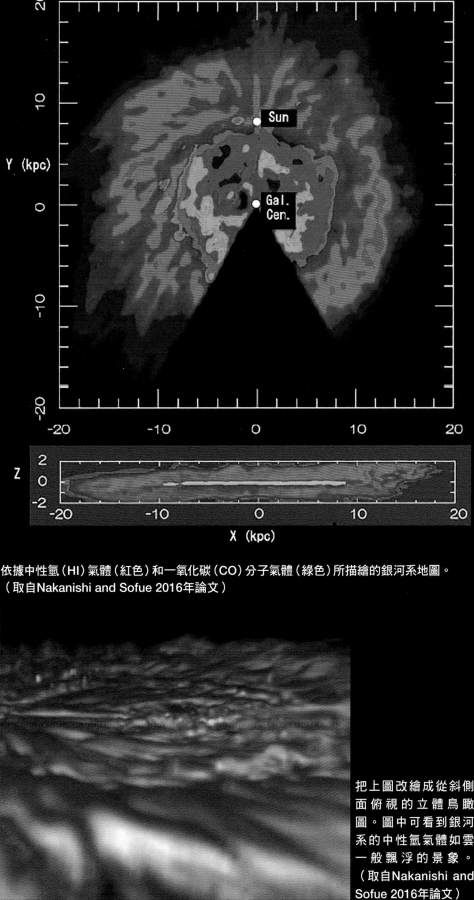

依據中性氫（HI）氣體（紅色）和一氧化碳（CO）分子氣體（綠色）所描繪的銀河系地圖。
（取自Nakanishi and Sofue 2016年論文）

把上圖改繪成從斜側面俯視的立體鳥瞰圖。圖中可看到銀河系的中性氫氣體如雲一般飄浮的景象。
（取自Nakanishi and Sofue 2016年論文）

銀河系中心發生的劇烈爆炸現象

銀河系的中心區域具有非常強大的重力，把恆星和氣體等所有種類的天體強力拉攏聚在一起。核球中心裡面有一個超大質量黑洞（人馬座A*），因此成為強力的無線電波源。

被黑洞吸入的星際物質在即將被吸進去之前，把部分質量相當龐大的靜止能量以熱、電磁波或噴流等運動能量的形態釋放出來。

釋出的時間尺度以黑洞的大小（史瓦西半徑＝3×黑洞質量÷太陽質量）除以氣體即將被吸入前的速度（亦即幾近光速）的值來表示。以銀河系中心的黑洞（400萬倍太陽質量）來說，史瓦西半徑為1200萬km，所以這個時間大約為1200萬km÷光速（秒速約30萬km）～40秒，可說是十分短暫。

假設是和太陽差不多大小的恆星或氣體團塊被吸入，則放出的能量 mc^2 會達到非常龐大的 10^{54} 爾格左右，相當於1000顆超新星。這個能量在極短的時間內釋放出來，因此成為非常劇烈的爆炸現象。

如果是質量更大的恆星或巨大的氣體團塊掉進去，放出的能量更是大得驚人。實際上我們已經知道，在系外星系的活躍星系核的活動現象當中，1次爆炸現象所釋出的能量多達 $10^{55\sim56}$ 爾格。銀河系的中心現在呈現平穩的狀態，但過去極有可能發生過這種巨大的爆炸現象。

除了中心核的爆炸之外，也會因為氣體極度集中，造成連鎖性形成恆星，在以星系尺度的時間（約1億年）而言相當短暫的時間內，發生數萬顆超新星連續爆炸。因此形成恆星的現象稱為「星暴（爆炸性的恆星形成）」。星暴在各式各樣的星系中都可以觀測到，更是螺旋星系之中心區域經常發生的現象。1次星爆放出的能量大約為 10^{55} 爾格。

假如銀河系曾發生這種爆炸或星爆，那麼我們應該會在銀河系的中心區域發現各式各樣的衝擊波現象。事實上，利用無線電波或X射線觀測我們的銀河系中心區域的結果，確實發現了各種球殼狀的構造。

最巨大的衝擊波是半徑達到8～10kpc的球殼，藉由無線電波和X射線發出光芒成為明亮的環。利用無線電波和X射線進行觀測的結果，發現它的內側噴出3～5kpc的伽瑪射線的泡泡（費米泡），更內側則有無數的殼狀構造及絲狀構造不斷地從銀河中心圓盤冒出來。

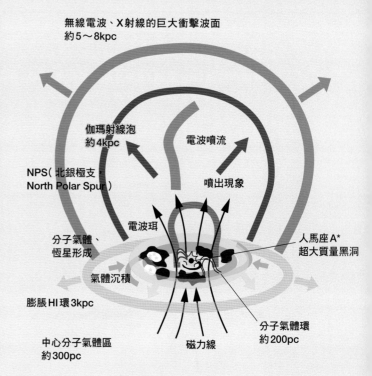

無線電波、X射線的巨大衝擊波面
約5～8kpc

伽瑪射線泡
約4kpc

電波噴流

NPS（北銀極支：
North Polar Spur）

噴出現象

電波珥

分子氣體、
恆星形成

人馬座A*
超大質量黑洞

氣體沉積

膨脹HI環3kpc

分子氣體環
約200pc

中心分子氣體區
約300pc

磁力線

SNR0.9+0.1
（超新星殘骸）

人馬座 D
（HII 區）

人馬座 D
（超新星殘骸）

人馬座 B2

人馬座 B1

電波弧

人馬座 A
（銀河系中心的明亮電波源）

人馬座 C

圓拱星團

人馬座 A 西
（螺旋構造）

五胞胎星團

人馬座 A 東
（超新星殘骸）

99

計算銀河系中心區域的大爆炸！

銀河系中心的各種活動現象當中，最顯眼的構造是半徑廣達10kpc的巨大球殼狀衝擊波，利用無線電波、X射線或伽瑪射線皆可觀測到。依據觀測到的半徑和X射線的光譜及強度，可以推定釋出區域的電漿密度和溫度。製造出這種衝擊波所需的能量大約為10^{55}爾格，相當於1萬顆超新星爆炸的能量。

衝擊波在暈中的傳播方式

來計算實際發生這個能量的爆炸時，衝擊波傳播的情況。衝擊波會貼著銀河面傳送到暈，所以我們來想想看，衝擊波在暈中會如何傳播？為了簡化起見，我們假設暈的密度為一定。在超新星殘骸的章節（第3.8節）已經說明過，爆炸的能量E、衝擊波的半徑R、膨脹速度V之間，存在著

$$E = \frac{2\pi}{3}\rho R^3 V^2$$

的關係。把半徑和速度作為時間的函數來解這個式子，則可得到

$$R = 0.531\,\text{kpc}\left(\frac{E_{55}}{\rho_{\text{H}}}\right)^{\frac{1}{5}}\left(\frac{t}{1My}\right)^{\frac{2}{5}}$$

$$V = 208.8\,\text{km·s}^{-1}\left(\frac{E_{55}}{\rho_{\text{H}}}\right)^{\frac{1}{5}}\left(\frac{t}{1My}\right)^{-\frac{3}{5}}$$

的關係。在這裡，

$$E_{55} = \frac{E}{10^{55}}\,\text{erg,}$$

$$\rho_{\text{H}} = \frac{\rho_0}{1\,\text{H cm}^{-3}}$$

$$= \frac{\rho_0}{1.6735 \times 10^{-24}\,\text{g·cm}^{-3}}$$

現在，以最簡單的情況來說，假設銀河系暈的氣體密度ρ_0為一定，大約0.0001 H cm^{-3}（$\rho_{\text{H}} = 0.0001$）吧！這麼一來，上面的式子就

變成

$$R = 3.35\,\text{kpc}\left(\frac{t}{1My}\right)^{\frac{2}{5}}$$

$$V = 1320\,\text{km·s}^{-1}\left(\frac{t}{1My}\right)^{-\frac{3}{5}}$$

截至目前為止，我們都假設暈的密度為一定值，但在真實的銀河系中，暈的密度越靠近銀河面則密度越高，高度越高則密度越低。在極上空的地方，星系之間的空間密度會減少到10^{-5} Hcm^{-3}。把這樣的暈的密度分布納入考量，再計算衝擊波面的時間變化及其形狀的變化，得到的結果如下所示。

伴隨中心的爆炸所產生的衝擊波面，最初階段大致呈球形，但因為被銀河面的高密度氣體圓盤遮擋，所以變形成為中間凹陷的葫蘆形。在經過大約1000萬年之後，發展成為現在觀測到的，朝銀河面的上下兩側對稱膨脹起來的巨大啞鈴狀衝擊波面。

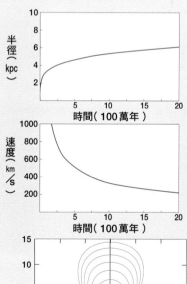

銀河系中心爆炸所產生的衝擊波半徑和膨脹速度的時間變化。假設暈的密度為一定值。衝擊波面散布成球殼狀。

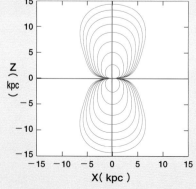

伴隨銀河系中心的爆炸而發生之衝擊波面的傳播。X軸為銀河面，Y軸為銀河系的極方向。

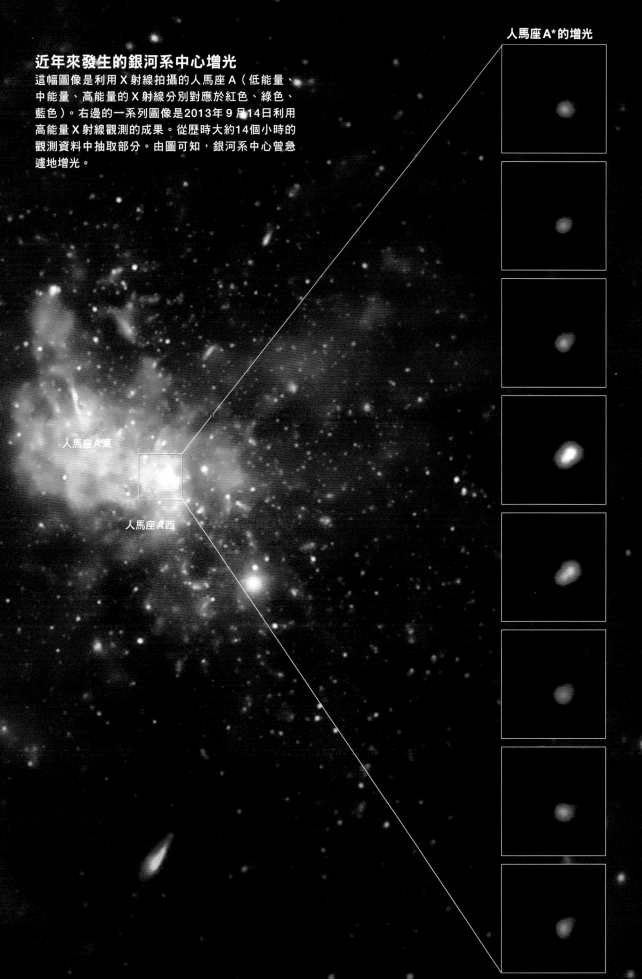

近年來發生的銀河系中心增光

這幅圖像是利用 X 射線拍攝的人馬座 A（低能量、中能量、高能量的 X 射線分別對應於紅色、綠色、藍色）。右邊的一系列圖像是 2013 年 9 月 14 日利用高能量 X 射線觀測的成果。從歷時大約 14 個小時的觀測資料中抽取部分。由圖可知，銀河系中心曾急遽地增光。

人馬座 A*的增光

人馬座 A 東

人馬座 A 西

人馬座 A*的增光

101

從周圍的恆星軌道求算中心黑洞質量

測定地球及太陽質量的方法，同樣適用於恆星、銀河系，以及星系等宇宙中的一切天體。對於這個銀河系中心各種活動現象根源的黑洞，也適用相同的方法。

科學家推測，銀河系中心的人馬座 A* 之所以能夠成為如此強力的無線電波源及活動現象的能源，是因為那個地方有個超大質量的黑洞存在，但這個想法要在能夠測定它的質量之後，才有可能加以證實。而要證明那裡有個黑洞，不只要計算它的質量，並且必須顯示它是被封閉在非常狹小的空間才行。

求算黑洞的質量

銀河系中心以非常高的密度聚集著眾多恆星，所以我們可以從中挑選特別明亮的目標觀測其位置和運動，藉此測定中心核附近的質量。在中心核和我們之間的銀河圓盤中有許多星際氣體把中心遮住了，可見光完全無法穿透。因此，需花上好幾年的時間，利用紅外線測定恆星位置，並追蹤其位置變化。

右頁左上圖，是長年以紅外線測定距離中心0.5角秒以內恆星的位置，再據此畫出它們的視軌道。如果假設它們的軌道都是真正的橢圓軌道而改畫成三維空間圖像，則可以發現，它們的軌道都共同以一個點作為焦點的橢圓軌道。那個焦點，正是人馬座 A* 這個緻密且強烈之無線電波源所在的位置。由於是在距離焦點僅僅0.03角秒的範圍內描繪出完美的橢圓形，所以由此可以推知，位於該處之天體的半徑比0.03角秒×2.5萬光年＝1000億km還要小。這個半徑在後來我們判定是否為黑洞時扮演著極為重要的角色。

那麼，至關重要的質量是多少呢？關於質量，只要知道恆星在這個半徑的範圍做軌道運動的速度就行了。而關於這個速度，只要藉由測定軌道運動的週期和軌道半徑（長軸）

來求得軌道要素，再計算通過近點（最近中心核）的速度就行了。測定的結果，在半徑 $r \sim 1000$ 億km之位置的軌道速度大約為秒速1500km。然後，利用我們一直以來經常使用的式子，依據這個值來計算中心的質量 M 為

$$M \sim \frac{rV^2}{G} \sim 6 \times 10^6 M_\odot$$

實際上，根據長年以來觀測許多恆星的結果，得知這個質量 M 為400萬倍太陽質量。

為什麼知道是個黑洞？

不過，要證明擁有這個質量的天體是否真的是一個黑洞，並沒有那麼容易。首先，這個巨大的質量被封閉在半徑1000億km的球中，這個事實顯示它應該不可能會是恆星或氣體。

首先，我們來想像一下，有N＝400萬個極普通的恆星（例如太陽質量的恆星）被封閉在這個球中。把球的體積除以恆星的數量，可以得到每個恆星所占的體積。具有這個體積的立方體，其每邊長度的一半即為恆星彼此之間的平均距離，大約 1 億km，這個距離近到不足 1 天文單位。而由於各個恆星是以秒速1500km的速度在運動，所以恆星碰撞的時間間隔可以用「平均自由行程 L 」和「碰撞時間 t 」來計算。

首先是平均自由行程 L，如果使用恆星的數量密度 $n = 4\pi r^3 \div N$ 和恆星的截面積 $\sigma = \pi r_{Star}^2$（這裡的 r_{Star} 是恆星的半徑，大約70萬km），則可利用 $n\sigma L = 1$ 的關係導出 L。因此，可求得恆星彼此碰撞的時間為

$$t = \frac{L}{V} = \frac{1}{n\sigma V} = 200年$$

也就是說，恆星只要短短的200年左右就會互相碰撞而碎裂成氣體團塊。而且這些氣體應該

會變成對應於速度1500km/s的數億度高溫電漿球，放射出強烈的X射線。但是，並沒有觀測到這樣的放射現象。

由上可知，存在那個地方的天體既不是星團也不是氣體球。在檢討了其他種種可能性之後，目前認為可能性最高的天體，就是超大質量的黑洞。

拍攝黑洞的影子

話雖如此，若要證明它真的是黑洞，就必須確認它是「相對論的天體」。因此，必須觀測代表事件視界的史瓦西半徑$r_s = 3M \div M_\odot$km＝1200萬km的周邊，觀測是否具有顯示空間扭曲的黑穴（黑洞的影子），以及時間的延遲，例如頻率的極端變化等等。事實上，這是一項解析度$\theta \sim r_s / 8$ kpc~ 10微角秒的超高解析度觀測作業。目前，研究人員正在利用VLBI（超長基線干涉儀）進行觀測。2019年，ELT（Event Horizon Telescope，事件視界望遠鏡）發表第一項成果，公布了室女座星系團的超大質量黑洞（65億倍太陽質量，$r_s \sim 200$億km，$\theta \sim 8$微角秒）的圖像，想必各位讀者記憶猶新。

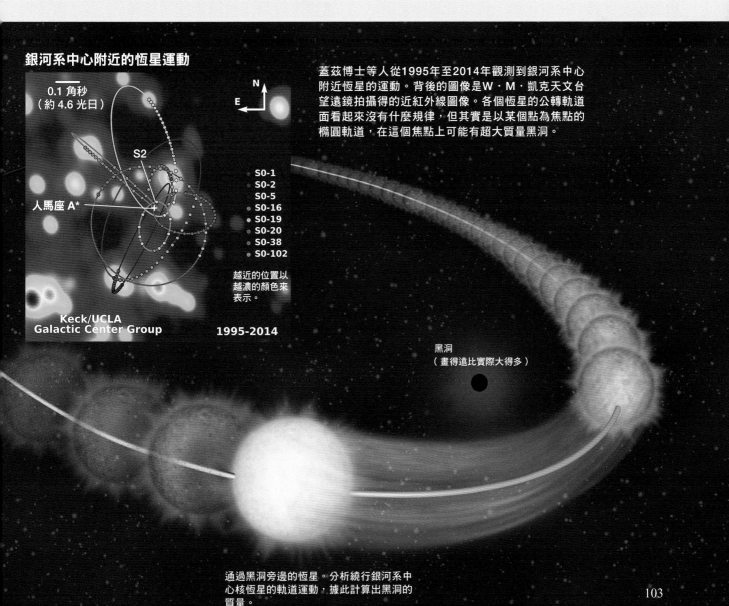

銀河系中心附近的恆星運動

0.1 角秒
（約4.6光日）

N
E

S2

人馬座 A*

S0-1
S0-2
S0-5
S0-16
S0-19
S0-20
S0-38
S0-102

越近的位置以越濃的顏色來表示。

Keck/UCLA
Galactic Center Group

1995-2014

蓋茲博士等人從1995年至2014年觀測到銀河系中心附近恆星的運動。背後的圖像是Ｗ・Ｍ・凱克天文台望遠鏡拍攝得的近紅外線圖像。各個恆星的公轉軌道面看起來沒有什麼規律，但其實是以某個點為焦點的橢圓軌道，在這個焦點上可能有超大質量黑洞。

黑洞
（畫得遠比實際大得多）

通過黑洞旁邊的恆星。分析繞行銀河系中心核恆星的軌道運動，據此計算出黑洞的質量。

103

調查銀河系的磁場

大家都知道，地球的磁場是南北走向，因此可以使用磁鐵來尋找方位。磁力線之所以產生，是因為地球是一個導電性良好的流體球，因此藉由它的旋轉產生電流，再依據電磁鐵的原理沿著旋轉軸產生「雙極磁場」。

地球的磁場是沿著旋轉軸從北往南，穿出南極後繞著地球回到北極。也就是說，北極為 S 極，南極為 N 極，所以手上指南針的 N 極指向北方，S 極指向南方。磁力線的強度在地面大約為 0.5 高斯。

不只是地球，所有的天體都有磁場存在。包括流體及氣體的所有天體，例如行星、太陽、恆星及星際氣體雲、銀河系、星系、星系團等等，所有階層的天體都有觀測到磁場。每個天體的磁場都是因為天體的旋轉或湍流、內部的對流等氣體的流動所引發的「發電機原理（發電機的相反機制）」而產生。

像地球這樣能夠直接使用磁鐵加以測定的天體很少，不過，對於各種天體的磁場，我們已經利用無線電波、可見光、紅外線的偏光（偏振）加以觀測，從而進行了相當詳細的研究。太陽表面的磁場強度大約為 1 高斯，但太陽黑子的磁場強度高達數千高斯。這個強度和文具磁鐵的強度差不多。當磁力線從太陽表面朝「日冕」噴出形成拱狀，或磁場能量爆炸性釋放時發生「閃焰（太陽表面爆炸）」現象，皆可被我們觀測到。

了解銀河系磁場的方法

銀河系的磁場，是藉由觀測宇宙射線繞著磁場運動所放射出來的同步電波，來加以測定。

銀河電波之中的同步輻射，是宇宙射線的電子（高能電子）纏繞著磁力線旋轉時產生的。藉由測定無線電波強度，並假設放射出無線電波徑向上的銀河圓盤縱深，可求得無線電波每個單位體積的放射率。這個放射率是依磁場強度、無線電波頻率、宇宙射線電子的能量密度決定，所以只要假設宇宙射線和磁場的能量密度相等，即可計算出磁場強度。依此方法所求得的銀河系磁場強度，在太陽附近大約為 5 微高斯。

磁場是具有大小和方向的「向量」，所以若只有求出強度，並無法得知磁力線的構造。因此，藉由調查磁力線的偏振方向，可以得知投影於天球的磁場方向，亦即與徑向垂直的磁場。另外，再藉由觀測已經偏振之同步輻射的偏振面旋轉（稱為法拉第旋轉），可以測定磁

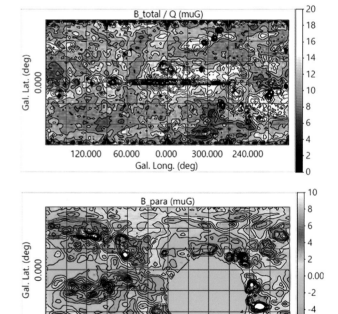

太陽附近的銀河系磁場強度分布（上）和徑向分量的強度（下）。太陽系被大約5.10微高斯的星際（銀河）磁場所包圍，而從太陽看到的磁力線方向，則如下圖所示，在銀河面反轉。

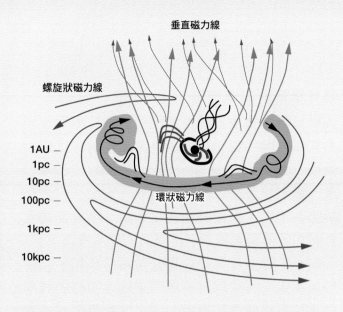

力線是正在遠離或接近我們，亦即在徑向上的方向及強度。

這些觀測作業所得到的結果，就是左頁圖像所顯示的，太陽附近的銀河磁場（星際磁場）強度和徑向的強度。強度大約為5微高斯，由圖可知，從太陽看到的方向是夾著銀河面而反轉等等。下圖所示，為同步無線電波和星際微塵放射遠紅外線的強度分布，以及磁力線的方向分布。

藉由各式各樣的磁力線觀測，讓我們也能夠推定銀河系全體的磁力線構造。右圖所示即為根據各種研究而推論的銀河系磁場的概念圖。

銀河系磁場構造的概念圖。到中心的距離是以對數表示。在圓盤部分，磁力線大致上與銀河面平行而呈現螺旋狀，但是在中心部分，則是與銀河面垂直的成分占優勢。

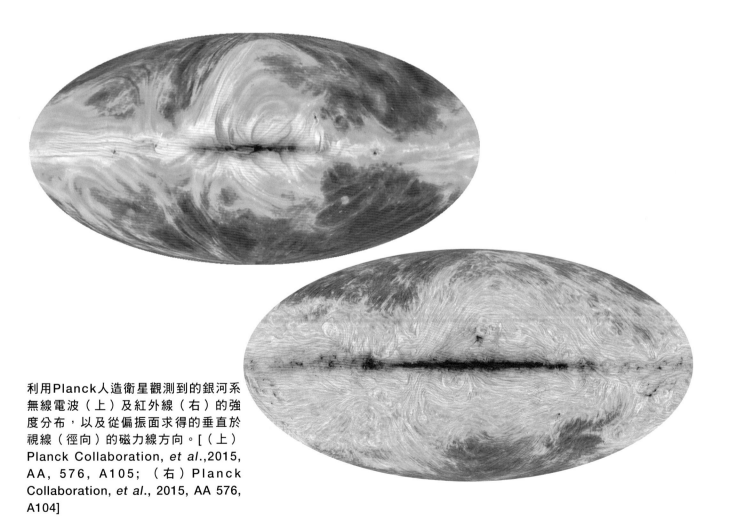

利用Planck人造衛星觀測到的銀河系無線電波（上）及紅外線（右）的強度分布，以及從偏振面求得的垂直於視線（徑向）的磁力線方向。[（上）Planck Collaboration, *et al*.,2015, AA, 576, A105；（右）Planck Collaboration, *et al*., 2015, AA 576, A104]

系外星系的磁場構造

根據無線電波及線性偏極的觀測，得知銀河系有磁力線。科學家對系外星系也施行了線性偏極的無線電波觀測。系外星系由於距離較遠，觀測精度難以提升，但另一方面，它們和銀河系不同，是從外面加以觀測，所以能夠更鳥瞰式地偵測到整個星系面上的磁場構造。

磁場的強度可以依據無線電波同步輻射強度加以推定，方向則可藉由測定線性偏極的方向和法拉第旋轉量而得知。左下方的圖像是在螺旋星系M51的照片（右頁）上，疊合線性偏極電波的強度等高線，顯示出與偏振方向垂直的磁場方向（以白線表示），和依據法拉第旋轉量的測定後決定與視線平行的磁場方向（離去方向以紅色箭頭表示，靠近方向以藍色箭頭表示）。

從圖像推定的整體磁場構造是沿著旋臂而成為螺旋狀。磁力線從星系圓盤的一側流入，從另一側流出。關於星系產生磁場的機制，目前認為有兩個可能性。第一個是發電機原理，主張這和地球及太陽的磁場一樣，由於電離的星際氣體依循發電機的逆向機制而產生磁場。另一個是初始磁場說，主張宇宙原本就存在著比星系更大規模的磁力線，在星系形成的時候被納入而捲繞成螺旋狀（右下圖）。

在M51觀測到的螺旋狀磁力線似乎暗示著初始磁場說。不過，大規模磁力線應該會因為星系旋轉而被深深地捲入，但實際的磁力線卻像M51這樣不太捲繞進去。要克服這個捲入的困難，必須具有能將已遭增強之磁力線予以消除的機制。

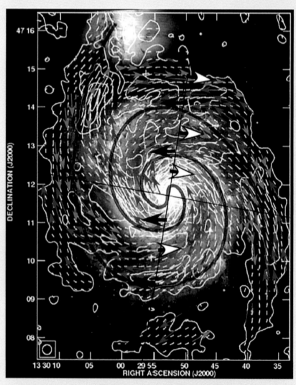

在螺旋星系M51觀測到的法拉第旋轉量和磁場的方向。圖中的黑色箭頭表示磁力線逐漸遠離。

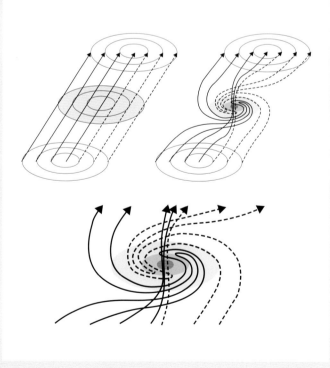

星系（星際）磁場的發生機制。納入大規模宇宙磁場而捲繞的初始磁場說。

螺旋星系「M51」（下）和矮星系「NGC 5195」
（上）。可能是因為和左側小星系碰撞的影響，導致
下方螺旋星系的恆星形成變得活躍。距離地球大約
3100萬光年。

用德雷克公式計算銀河系文明的數量

銀河系整體的質量大半來自「暗物質」，暗物質主要分布於稱為暗暈的銀河系外緣的巨大空間。而在銀河系內側的質量當中，則有一半以上為恆星等普通物質。在太陽軌道（2.5萬光年）內側的恆星總質量相當於1000億顆太陽。

恆星以質量較小者占壓倒性的多數，大質量恆星不多，它的數量與質量之負2.3次方（$M^{-2.3}$）成正比。如果把這個值（「恆星的質量函數」。參照第2.9節）納入考量，則銀河系的恆星數量大概有1兆顆左右。其中，質量和太陽差不多的恆星只有數百億顆，而質量只有太陽的數分之1至10分之1的昏暗小恆星則占了絕大多數（1兆顆）。越靠近銀河系中心，恆星的密度越急遽增加。

我們來思考一下恆星形成的機制吧！星際氣體雲（分子雲）要收縮時，旋轉會產生角動量，如果是聯星就由伴星來承擔，如果是單獨的恆星則必須由圓盤來承擔。圓盤會成長為行星系，所以單獨的恆星必然附帶著行星系。

圓盤分裂所形成的行星（以太陽系來說有8顆）會分布於不同的半徑處，其中可能會有一兩顆處於「適居區」（生命能夠生存的範圍），因而孕育出生命。

恆星有8成是聯星，2成是單星，依此估計，銀河系中約2000億顆恆星附帶著行星系。幾乎所有行星系都極可能擁有處於適居區的行星。這就表示銀河系中有2000億顆類似地球的行星存在。

那銀河系中可能有多少個文明存在呢？而這些文明有沒有可能與我們進行通訊呢？這個時候，就要使用下圖所示的「**德雷克公式**」來估算文明的數量 N。這個式子的形態如下，

$$N = N^* f_1 n f_2 f_3 f_4 f_5$$

這裡的 $N^* = 2000$ 億為「恆星數」。f_1 為「恆星擁有行星的比例」，在這裡假設為大約50%。n 為「適合生命的行星數」，假設各為1顆。f_2 為「生命發生的可能性」，假設如果有類似地球這樣的

方程式的各個項目會是多少？
在我們居住的銀河系內，有多少個文明具備利用無線電波進行通訊的技術呢？德雷克公式就是用來估算這個數值的公式。若要正確估算文明的數量，必須詳細了解天文學、生命科學等各種領域的知識。但是，其中還有許多不太明白的事物。

銀河系內，具備無線電波通訊技術的宇宙文明數量

恆星擁有行星的比例

銀河中的恆星數量

$N = R_* \times f_p \times$

行星則必定有生命誕生，因此是100%。f_3為「生命演化成為智慧生物的可能性」，這個也假設為100%。f_4為「具有通訊技術的可能性」，假設為10～20%。最後的f_5為假設各個文明的壽命為1000年，亦即和我們的文明處於同一時期的機率，1000年/100億年＝10^{-7}。

把這些數值相乘，可求得銀河系內具備通訊能力的文明有大約2000個。如果這些文明在銀河系

的太陽軌道（半徑～2.5萬光年）的內側是平均分布，則我們和隔壁文明的距離為500光年。

這個數是全銀河系的平均值。由於文明的密度與恆星的數量成正比，所以銀河系中心的文明數量應該會比外圍高出許多。銀河系中心的恆星密度是太陽附近的100萬倍左右，而相鄰恆星（文明）的距離與密度的立方根（100）成反比，所以相鄰文明的距離大約5光年。而文明彼此相

遇的機率與密度的2次方成正比，所以銀河系中心的文明彼此相遇的機率為太陽附近的10^{12}倍左右。綜合上述可以推估，在銀河系中心，藉由星際通訊而創造出銀河系文明圈的可能性很高。

德雷克公式所給予的數值，是以地球為例並為假設值。各位讀者可自行將假設值套入公式計算看，創造出自己的銀河系文明觀，應該會很有趣。

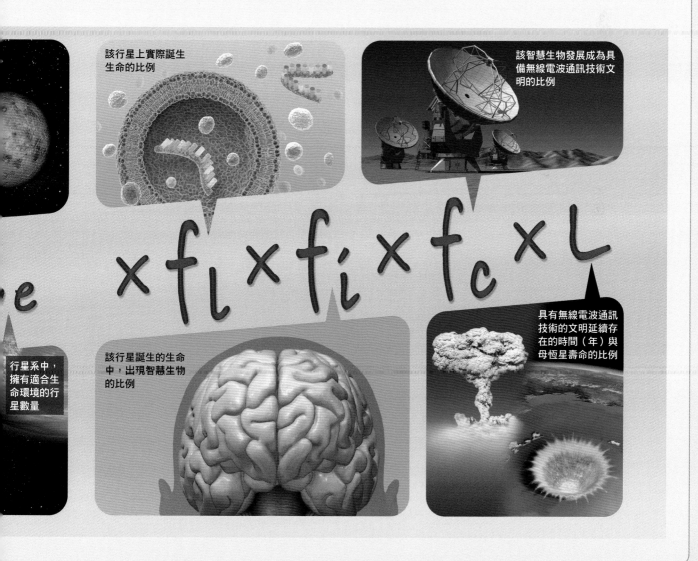

該行星上實際誕生生命的比例

該智慧生物發展成為具備無線電波通訊技術文明的比例

行星系中，擁有適合生命環境的行星數量

該行星誕生的生命中，出現智慧生物的比例

具有無線電波通訊技術的文明延續存在的時間（年）與母恆星壽命的比例

5

星系

哈伯主張的星系分類法

天文學顧名思義就是研究紀錄「天上自然現象規則」的學問。研究首先用形態學將天體依形態分類，「哈伯星系分類法」便是此典型手法。

首先把星系大致分成圓盤星系和橢圓星系。圓盤星系的定義是形狀像圓盤一樣扁平，並藉由旋轉所產生的離心力使整體形狀保持圓盤形的星系。圓盤星系再細分，其中沒有旋臂的透鏡狀星系歸類為S0型，而圓盤上可看到螺旋（漩渦）模樣的星系稱為螺旋星系（舊稱漩渦星系），又分為Sa、Sb、Sc三個階段。

Sa型為巨大的圓盤星系，旋臂捲繞得十分緊密；Sb屬中型星系，旋臂捲繞方式鬆緊適中且發達；Sc型為小型星系，旋臂捲繞程度十分寬鬆。

S型星系當中，S0型星系、Sa型星系的尺寸及質量上都很大，Sb型星系小一點，Sc型星系最小。但表面亮度則相反，Sc型星系比其他類型的星系都亮得多，這是因為Sc型星系的星際氣體含有率很高，更常形成恆星，所以亮度比Sb、Sa型星系更亮。

S型（螺旋星系）的中心區有個明亮的部分稱為核球，核球為圓形的星系是一般的S型，核球呈現細長棒狀的星系則稱為「棒旋星系（或棒渦星系）」，又分為SBa、SBb、SBc等幾個類別。我們的銀河系可能是在距離中心1萬光年以內具有中等規模棒狀構造的SBb型棒旋星系。

另一方面，橢圓星系則是全體的形狀呈現圓形或橢圓形。名稱由來並非因為從斜的角度讓旋轉圓盤看起來像橢圓形，而是這個星系根本沒有在做旋轉運動，指的是投影在天球上的

橢圓星系

E0　　E1　　E2　　E3　　E4　　E5　　E6　　E7

NGC 4636

哈伯星系分類法（哈伯序列）

符號E代表橢圓星系（elliptical galaxy），類別從幾近球形的E0到最扁平的E7。S代表螺旋星系（spiral galaxy），SB代表棒旋星系（barred spiral galaxy）。螺旋星系和棒旋星系又依照旋臂的捲繞方式做更細的分類。依捲繞緊密度從高到低分成a、b、c，後來又加進d。S0代表透鏡狀星系，屬於橢圓星系和螺旋星系（棒旋星系）的中間形態。Irr代表無法分類為E和S的不規則星系（irregular galaxy）。

哈伯認為，星系的演化是如同這個插圖一般由左至右，亦即由E0經S0演化到Sc（或SBc）。現在，這個想法已經遭到否定。

我們無法從銀河系的外頭觀看銀河系，所以並不容易得知銀河系的形狀。現在，根據無線電波及紅外線的觀測，把它歸類為Sb或SBb。

這裡顯示的是被歸類至各種型態的星系例子。不過，必須注意的是，不同研究者可能會做成不同的歸類。

形狀看起來為橢圓形，所以實際的形狀通常是長寬高 3 個軸各不相同的橢圓球。比起螺旋星系，橢圓星系的星際氣體非常之少，所以幾乎不會形成恆星。構成星系的恆星年齡也很古老，整個星系泛呈紅色。

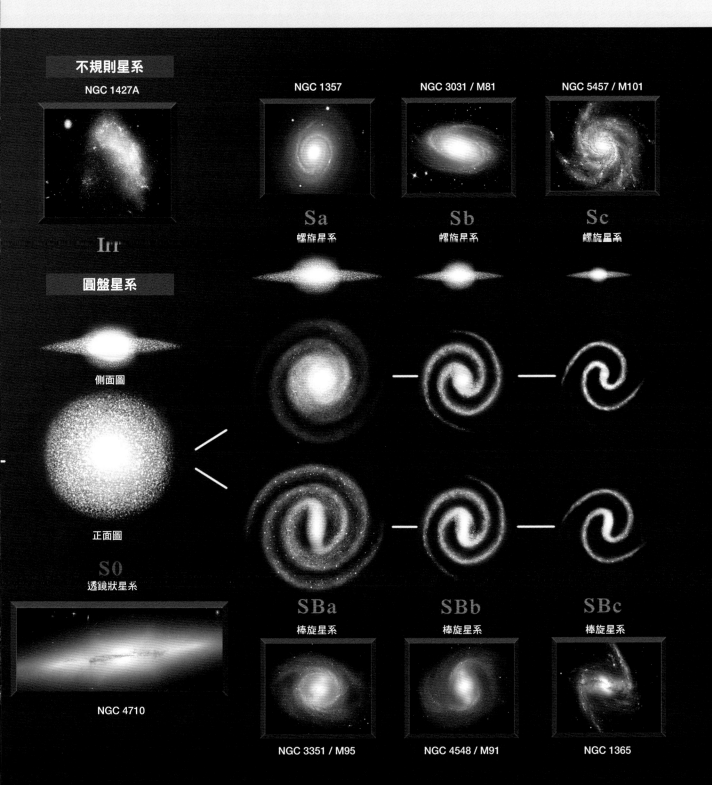

不規則星系

NGC 1427A

Irr

圓盤星系

側面圖

正面圖

S0
透鏡狀星系

NGC 4710

NGC 1357

Sa
螺旋星系

NGC 3031 / M81

Sb
螺旋星系

NGC 5457 / M101

Sc
螺旋星系

SBa
棒旋星系

NGC 3351 / M95

SBb
棒旋星系

NGC 4548 / M91

SBc
棒旋星系

NGC 1365

依據星系的旋轉速度求算距離

　　在調查星系的分布和集團樣貌時，不僅要知道星系的視位置，還必須知道它的距離。要決定星系的距離，有兩種主要的方法，一種是利用星系中的明亮恆星，另一種是推定全體星系的光度再和視光度做比較。

　　像仙女座星系這種位置鄰近又容易識別各恆星的例子，通常使用第一種方法。以恆星來說，就是利用第2.5節說明的「造父變星」。造父變星是明亮的脈動星，變光（脈動）的週期和絕對光度之間具有一定的關係。從星系的某個地方找一顆造父變星，依據它的變光週期求得絕對光度，再和視光度做比較，藉此決定距離。利用這個方法，能夠決定大約1000萬光年以內星系的距離。

　　對於更遠的星系，則推定星系本身的絕對光度，再和星系的視光度做比較，藉以求得距離。星系本身的絕對光度 L 與該星系的總質量 M 大致上成正比。設星系的半徑為 R，旋轉速度為 V，則由牛頓的萬有引力和離心力的平衡，可求得星系的質量 M 為

$$M = \frac{RV^2}{G} \tag{5.1}$$

半徑 R 越大的星系，其質量也越大，所以若在 R 和 M 之間設一個適當的數 a，則

$$R \propto M^a$$

的關係成立。把它代入（5.1）式，並設一個

造父變星
變光星是看起來會週期性變亮又變暗的天體。其中的造父變星是會反覆膨脹和收縮的恆星。造父變星非常明亮，在銀河系外側也能觀測到。

週期性地變暗又變亮

銀河系和周圍天體的想像圖

銀河系
直徑約10萬光年

仙女座星系
距離250萬光年。直徑約20萬光年的星系（螺旋星系）。

大麥哲倫星系
距離16萬光年，大小約 2 萬光年的矮星系。在南半球夜空的視面積為滿月的20倍。

小麥哲倫星系
距離20萬光年。大小約 1 萬5000光年的矮星系。

適當的數 b，則可得到

$$M \propto V^b \quad \left(b = \frac{2}{1-a} \right)$$

的關係。星系為圓盤形，所以質量 M 與圓盤的面積成正比。亦即，$M \propto R^2$，所以 a 為 0.5，從而 b 大約為 4。星系的質量 M 和它的絕對光度 L 大致成正比，所以星系的絕對光度 L 和旋轉速度 V 之間，也具有

$$L \propto V^b$$

的關係。也就是說，星系的旋轉速度 V 越大，則星系的絕對光度也越大。

旋轉的星系傳來的電磁波，其波長會由於都卜勒效應而產生偏移，利用這個現象可以求得星系的旋轉速度 V。接著，我們利用星系的旋轉速度 V 推定星系的絕對光度 L，再和視光度做比較，便可依此求出星系的距離。利用這個方法，能夠測定 3 億光年以內星系的距離。

觀測星系內星際氣體中一氧化碳所發出的無線電波，可以偵測更遙遠的星系。利用這個方法，能夠測定 10 億～30 億光年星系的距離。日本正在推行一項計畫，打算使用國立天文台野邊山宇宙無線電波觀測所的 45 公尺大型無線電波望遠鏡，利用上述這個方法來測定許多遠方星系的距離。

星系的旋轉速度與光度

星系的絕對光度 L 與星系的質量 M 大致上成正比。半徑 R 越大的星系，其質量越大，所以 M 和 R 之間具有

$$R \propto M^a$$

的關係。把它代入從萬有引力定律引伸出來的（5.1）式，可以得到

$$M \propto V^b$$

的關係。V 為星系的旋轉速度。星系的質量 M 和絕對光度 L 也是成正比，所以

$$L \propto V^b$$

由此可知，旋轉速度越大的星系，其絕對光度也越大。

旋轉速度小
絕對光度小
質量小的星系

旋轉速度大
絕對光度大
質量大的星系

利用哈伯常數求算星系團的距離

　　星系的距離也可以利用宇宙的膨脹運動來求算。科學家認為，宇宙是在距今大約138億年前發生「大霹靂」而誕生，迄今仍在持續膨脹中。因此，所有的星系都在遠離我們的銀河系而去。

　　離我們越遠的星系，它遠離我們而去的退行速度 v 越大。退行速度 v（km·s^{-1}）除以該星系的距離 d（Mpc）所求得的宇宙膨脹係數稱為「哈伯常數」，記為 H。也就是說，

$$H = \frac{v}{d} \qquad\qquad (5.2)$$

　　如果給定哈伯常數 H，那麼對於不知道距離的星系，只要利用都卜勒效應來測量它的退行速度 v，就可以依此測定出約略的距離 d。也就是說，

$$d = \frac{v}{H} \qquad\qquad (5.2')$$

　　現在，哈伯常數採用 $H_0 = 71$ 這個值。

　　利用都卜勒效應求得的后髮座星系團的退行速度 v 大約9000公里／s。因此，這個星系團的距離 d 可以利用（5.2'）式求得

$$
\begin{aligned}
d &\sim \frac{v}{H} \\
&\sim \frac{9000}{71} \\
&\sim 130\,(\text{百萬秒差距}^{※})
\end{aligned}
$$

大約 1 億3000萬秒差距。換算成光年，則后髮座星系團的距離大約為 4 億光年。

A 星系

銀河系

B 星系

※ 註：可表示為 Mpc

利用哈伯常數求算星系的距離

整個宇宙正在膨脹中，所以越遠的星系會以越快的速度遠離我們的銀河系而去。從遠離而去的星系傳來的光，會因為都卜勒效應使波長拉長，往紅光側偏移。如果使用稜鏡把它分解成光譜來看，便可得知暗線的位置比原來的波長偏向紅方。越遠的星系遠離而去的速度越快，往紅方偏移的程度也越大。退行速度 v 除以 d 的值 H 大致保持一定，亦即成立

$$H = \frac{v}{d}$$

的關係。這裡的 H 稱為「哈伯常數」。從星系的退行速度 v 和哈伯常數 H 可以求出星系的距離 d。

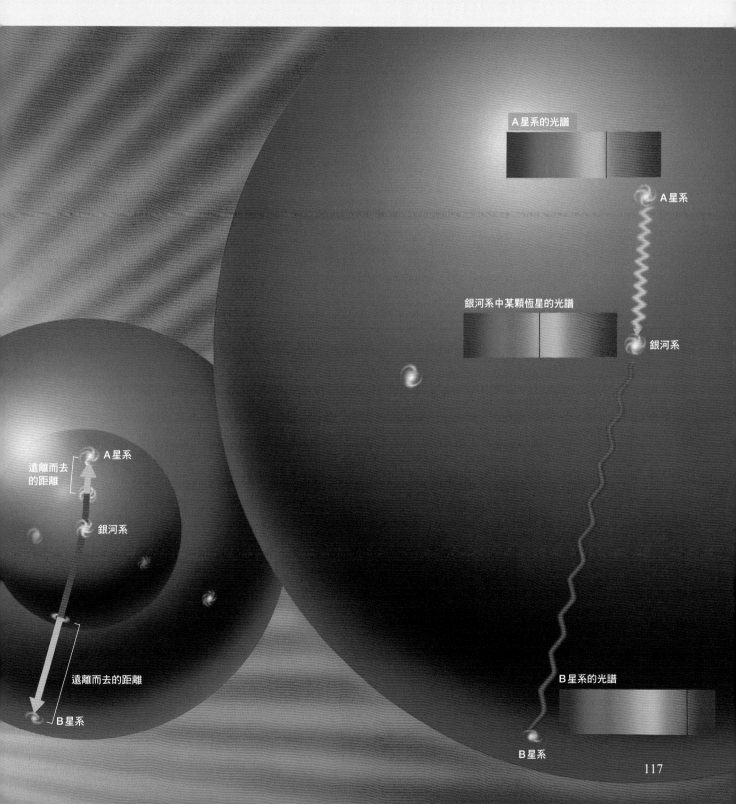

A星系的光譜

A星系

銀河系中某顆恆星的光譜

銀河系

A星系

遠離而去的距離

銀河系

遠離而去的距離

B星系

B星系的光譜

B星系

求得仙女座星系的質量

對於銀河系以外的星系也是一樣，只要知道它的大小和旋轉速度，就能求得它的質量。星系的半徑 R 可以利用星系的距離 d 和星系的視直徑 θ 弧度來求算。在半徑 L 的圓上，a 弧度的弧長為 $a \times L$。因此，星系的半徑 R 可以用

$$R \fallingdotseq \frac{d\theta}{2}$$

來求得。接著，依據星系傳來的光或電磁波的都卜勒效應，求算星系的旋轉速度 V。在得知星系的半徑 R 和旋轉速度 V 之後，把它們代入牛頓萬有引力定律所引伸出來的第5.2節（5.1）式就行了。

距離230萬光年的仙女座星系的目視直徑為180角分。把180角分換算成弧度，則仙女座星系的半徑 R 為

$$R \fallingdotseq \frac{230 \times 10^4}{2} \times \frac{2\pi}{360} \times \frac{180}{60}$$
$$\fallingdotseq 6 \times 10^4 \,(\text{光年})$$

大約等於 6 萬光年。仙女座星系的旋轉速度 V 和銀河系差不多，都是秒速大約200公里。因此，把它代入（5.1）式，即可求得仙女座星系的質量 M 為

$$M = \frac{RV^2}{G}$$
$$\sim \frac{6 \times 10^4 \times 9.5 \times 10^{12} \times 10^3 \times (200 \times 10^3)^2}{6.7 \times 10^{-11}}$$
$$\sim 4 \times 10^{41} \,(\text{kg})$$

太陽的質量為 2.0×10^{30} 公斤，由此可知，仙女座星系的質量相當於2000億顆太陽。在第4.4節曾經求出銀河系的質量，在半徑大約 5 萬光年的範圍內，質量為太陽的2000億倍左右。仙女座星系和銀河系真的是非常相似。

飄浮在230萬光年遠處的仙女座星系。美國天文攝影家羅伯特‧根德勒使用望遠鏡拍攝而得。

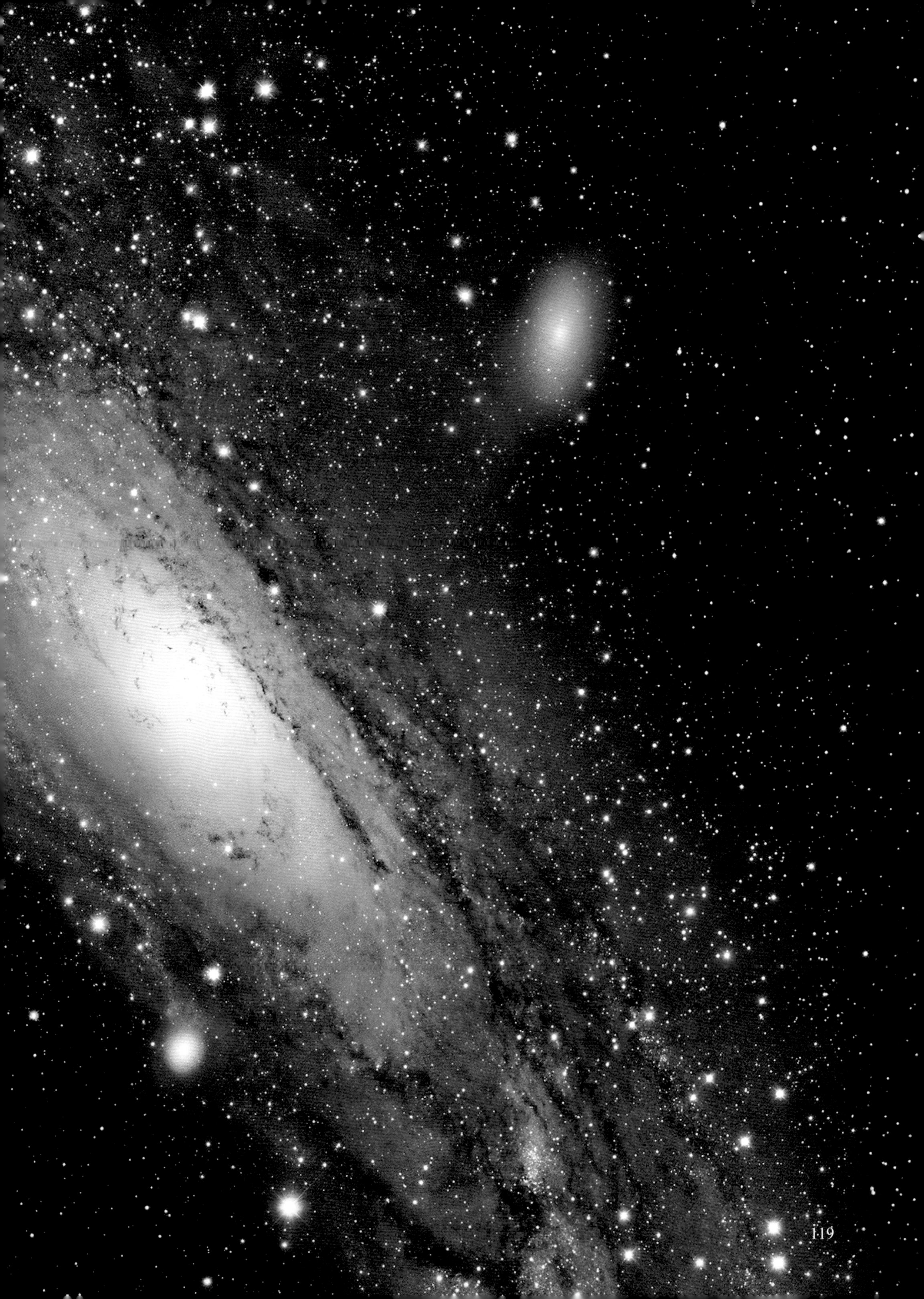

螺旋星系美麗旋臂的真面目是什麼？

螺旋星系是天文照片的大明星，特徵為捲成完美螺旋狀的旋臂。那麼，星系臂是什麼樣的現象呢？

事實上，天文照片中呈現的明亮星系臂，與其說是它的本體明亮，不如說是那個地方被壓縮的星際氣體活躍地孕育出恆星，因此有年輕的大質量恆星（OB型恆星）密集發出強烈光芒，所以顯得特別明亮。這個機制將在下一節詳細說明。

為了以質量的角度來看星系臂的本體（亦即恆星等構成圓盤的物質），必須利用紅外線來進行觀測。OB型恆星之類的天體在利用可見光觀測時十分突出且明亮，但是在利用紅外線觀測時變得沒有那麼顯眼，只比周圍亮10%而已。也就是說，恆星的密度只有密集到那個程度而已。

換句話說，如果把它想成是幾近平坦的圓盤上興起的小波紋，就會比較容易了解。依據這樣的想法，把旋臂視為恆星密度的疏密波加以解析，稱為「密度波理論」。根據這個理論，旋臂並非一個牢牢固結的天體，而是在旋轉的圓盤中，以不同於旋轉速度的速度在傳送疏密波。換句話說，它和聲波相似。

由於恆星的疏密不同，眾恆星所製造的重力位深度也有大小之分。在重力位的谷間（恆星較密的地方），周圍的恆星會被拉過來而滯留在該處。這個滯留的場所逐漸拉長成帶狀，進一步因為星系的「差異自轉」※1，使得拉長的地方捲成螺旋狀，故而形成我們所觀測到的旋臂。

何謂密度波理論？

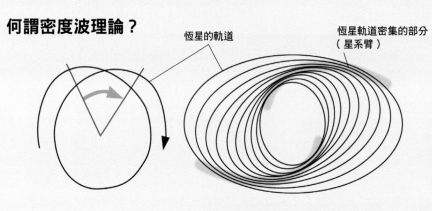

恆星的軌道

恆星軌道密集的部分（星系臂）

恆星因為橢圓的軌道軸有所偏離而描繪出花朵般的模樣，但整體而言仍停留在旋臂的軌道。由於星系臂的重力增加，所以會維持著它的形狀而以疏密波的形式在星系圓盤裡面傳送。這就是密度波理論。

眾多恆星密集的旋臂部分，由於質量集中，使得重力增強。受到這個影響，進入旋臂的恆星移動速度會變慢，亦即發生堵塞。

恆星經過一定時間後會脫離堵塞，但若只看堵塞的區域，好像沒有在移動。這是因為恆星的速度和旋臂的速度不一樣的緣故。

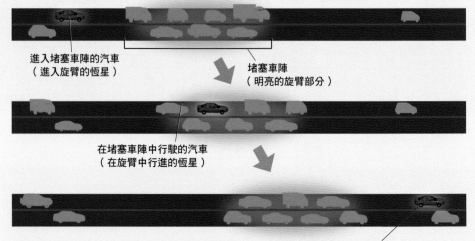

進入堵塞車陣的汽車（進入旋臂的恆星）

堵塞車陣（明亮的旋臂部分）

在堵塞車陣中行駛的汽車（在旋臂中行進的恆星）

脫離堵塞車陣的汽車（脫離旋臂的恆星）

恆星密度的疏密像聲波一樣以波的形式傳送，所以整條旋臂也是在圓盤裡面傳送而移動。旋臂的重力想要保持它的形狀，因而成為一個樣式（團塊），一邊做「剛體旋轉」[※2]，一邊以不同的速度在旋轉的圓盤中傳送。恆星的旋轉速度和樣式（團塊）的視旋轉速度之間的差異，即為波的傳播速度。以一般的星系來說，樣式速度（旋臂的旋轉速度）比恆星及星際氣體的旋轉速度小很多。通常，星系旋轉的速度為秒速200km，而相對地，樣式速度卻慢到只有秒速100km。

然而，棒旋星系的核棒（棒狀的恆星分布）重力位比一般的旋臂深好幾倍，所以會產生強大的衝擊波（星系衝擊波。第5.6節、5.7節會做詳細介紹）。氣體的旋轉能量和角動量消失，星際氣體急速地往星系中心掉落，引發星暴等等的恆星形成活動。

除了密度波之外，科學家也提出了各式各樣的理論，但現在以密度波理論最為有力。也有人主張旋臂是與其他星系之交互作用產生的潮汐力所造成，最典型的例子當屬顯然是為伴星系之潮汐力拉長的M51。另外，也有人提出磁力線捲繞的說法，作為產生2隻旋臂的機制，但若考量到磁場的能量，並沒有多大的說服力。

此外，有些星系並非有2支清楚的旋臂，而是具有無數支細小的旋臂。為了說明這一點，有人主張這是原本像漣漪一樣的不勻，由於差異自轉而各自拉長成螺旋狀，這稱為「統計性的旋臂」。

※註1：依場所而角速度不同的旋轉。螺旋星系的旋轉，接近中心的角速度比較快（速度則無論到中心的距離有多遠都大致相同）。

※註2：無論是哪個場所角速度都相同的旋轉。

星系衝擊波

密度波的重力位只有整個星系的10%左右，但在它的密集部分被局部加速的星際氣體速度為秒速10～30公里，超過聲速。因此，產生巨大的衝擊波。這稱為星系衝擊波。

棒旋星系核棒的重力位遠比一般的旋臂深得多，所以產生強大的衝擊波。結果，氣體失去角動量，往星系中心掉落。

可能是旋臂成因的其他機制

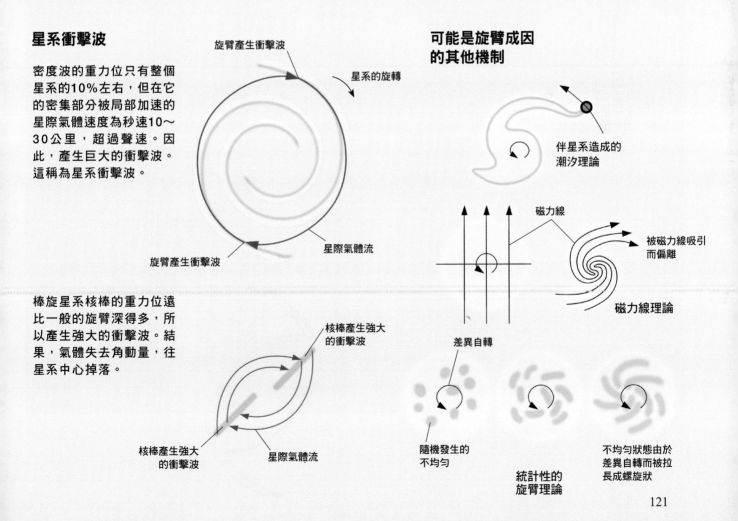

旋臂產生衝擊波　星系的旋轉　星際氣體流　旋臂產生衝擊波

核棒產生強大的衝擊波　核棒產生強大的衝擊波　星際氣體流

伴星系造成的潮汐理論

磁力線　被磁力線吸引而偏離　磁力線理論

差異自轉　隨機發生的不均勻　不均勻狀態由於差異自轉而被拉長成螺旋狀　統計性的旋臂理論

旋臂中的星際氣體被猛烈壓縮，誕生明亮

　　前面說過，螺旋星系的美麗旋臂，恆星的密度也僅高出10％左右，不過是以波的形式在圓盤中傳送的現象而已。雖說如此，但為何捲成螺旋狀的旋臂會特別明亮耀眼呢？

　　闡明這個原因的關鍵，在於沿著旋臂分布的恆星皆為呈現藍白色的年輕恆星。恆星的顏色是恆星表面溫度的指標。占有星系大半質量的恆星，是溫度低、光度也低的紅色低質量恆星。這些是在百億至數十億年前形成的古老恆星。而且，這些低溫的低質量恆星即使大量聚集在一起也非常暗淡，所以在一般的天文照片中幾乎顯現不出來。

　　另一方面，散發出藍白色光芒的恆星，都是年輕的大質量恆星，也就是所謂的OB型恆星（OB星），年齡只有數百萬歲，比起星系的壽命可說是非常年輕，屬於最近才剛剛出生的恆星。而每一個恆星的光度，比低質量恆星明亮數十萬倍，所以在天文照片中十分搶眼。尤

星系衝擊波把星際氣體強力壓縮，形成分子雲，進而在其中形成恆星。大質量的OB型恆星非常明亮，但壽命短暫，所以只會在旋臂附近發光。因此，沿著旋臂形成明亮的OB星帶，成為我們觀測到的螺旋星系。

的短壽命恆星

其是光譜的Ｂ（藍色）波段，就觀測技術上來說，感度很高，很容易拍攝到。換句話說，儘管整個星系的質量是由紅色低質量恆星占了一大半，但以光度來說，則是藍白色的OB型恆星拍攝起來最耀眼，所以旋臂特別明顯。

那麼，為什麼OB型恆星會集中在旋臂呢？原因在於OB型恆星的壽命很短，加上旋臂中星際氣體的衝擊波現象，以及恆星形成的機制。在第3章曾經說明，恆星是由星際氣體受到重力壓縮而聚集固結所形成，所以只要知道星際氣體在星系之中如何分布、如何運動，就能得知星系裡面如何形成恆星。

星系圓盤之中，恆星和星際氣體都以相同的速度井然有序地繞著圓形軌道旋轉。這個圓盤裡面如果產生了密度不勻的波，這個波就會在圓盤中傳播開來，藉由星系旋轉而拉長成螺旋狀，從而形成旋臂。

以物理學的語言來說，旋臂就是「恆星密度的波」（密度波）。在太陽附時，這個波相對於銀河圓盤以秒速100公里的速度，朝銀河系旋轉的反方向傳送。從外面看去，若假設星系的旋轉速度為250公里，則旋臂是以比它為慢之秒速150公里的速度在傳送。

密度波的振幅只有10%左右，由於聚集在旋臂之恆星的重力作用，在朝旋臂傳送時受到吸引而加速，於離開旋臂時則相反地會減速。

這個力對於氣體也有相同的作用，所以星際氣體進入旋臂時會加速，脫出時會減速。在這裡，恆星和氣體會發生運動性質突然改變的現象。以恆星來說，並不會因為走在前面的恆星速度變慢了，就撞上那個恆星。這個情形稱恆星為「無碰撞系統」。但是，氣體無論多麼稀薄都具有壓力，所以如果走在前面的氣體減速了，後面趕上來的氣體就會承受它的壓力。在氣體的運動速度大於聲速的場合，這個氣體的碰撞會變成衝擊波，導致氣體的強力壓縮。

因旋臂之重力而加速的恆星及氣體的速度，比圓軌道的旋轉速度快20～30 km·s^{-1}，離開

星系臂時則減速至慢20～30 km·s^{-1}。另一方面，星際氣體的聲速則是1～10 km·s^{-1}，十分緩慢，所以被旋臂吸引過來的氣體會猛烈的以超聲速撞上前方減速的氣體，沿著旋臂產生強烈的衝擊波，此稱為「**星系衝擊波**」。前面已經說過，恆星彼此不會碰撞，彷彿什麼事也沒有發生，安然地穿過旋臂。

氣體在絕熱（即使壓縮而升溫，能量也不會散失）狀況下，因衝擊波而收縮的氣體密度，是壓縮前密度的剛好4倍。另一方面，在不是絕熱，而且因壓縮而升溫的部分又全部因冷卻而降溫（稱為等溫性）的狀況下，壓縮率與「馬赫數（氣體的流速/聲速）」成正比。以星際氣體來說，大致上是等溫的，所以星系衝擊波中的壓縮率達到大約10～100倍。

被旋臂的星系衝擊波強烈壓縮的星際氣體，聚集形成分子雲，進而從中活躍地形成恆星。第3章曾經說明，氣體會以金斯時間 $\frac{1}{\sqrt{G\rho}}$ 製造出雲和恆星。從星系衝擊波製造分子雲需要大約10^7年，從分子雲誕生恆星需要大約10^6～10^7年。這個時間尺度和星系旋轉或旋臂之波的傳送時間（1～2億年）比起來非常短暫。恆星誕生後花了大約10^6年的時間到達主序星的階段而發出明亮的光芒，這個時間和星系旋轉的時間比起來也很短暫。

在這些誕生的恆星當中，OB型大質量恆星非常明亮，沿旋臂形成特別顯眼的明亮區域。且OB型恆星的壽命只有短短的百萬至千萬年，脫離旋臂之際已將老死。以星系的尺度來看這種現象，就變成OB型恆星只有沿著旋臂在發光，因而讓我們看到了散發藍白色光芒的旋臂。天體照片中大明星旋臂的美麗面貌，其實就是星系尺度的恆星形成之瞬間的景象。

棒旋星系 M83 的星系衝擊波與恆星的形成

讓我們更詳細地觀察，星系螺旋的衝擊波把氣體壓縮而促進恆星形成的情景。比起一般的螺旋星系，棒旋星系旋臂上的星系衝擊波更為發達。這是因為棒旋星系旋臂的重力位比一般的旋臂更深的緣故。

下圖為典型棒旋星系M83的彩色照片。在照片中可看到從核棒前端伸出發達的旋臂，沿著旋臂分布著衝擊波，而沿著衝擊波可看到幽黑的暗星雲長臂，這稱為「暗帶」。在暗帶中，相對於旋臂的下游側，恆星順著右旋的方向大量形成，因此擠滿了年輕的星團。

各個恆星形成區域伴隨的暗星雲，彎曲成弓狀成為弓形震波，而在它的內側，藍白色星團和紅色明亮電離區域發展成彗星狀。其中特寫

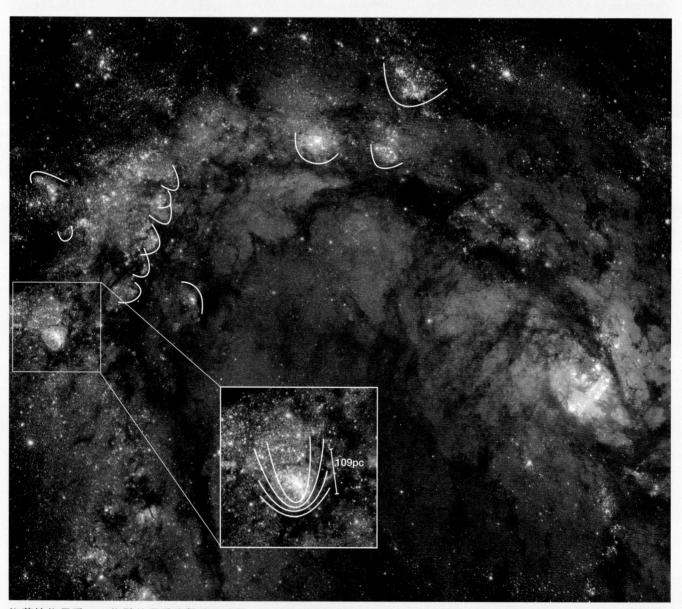

沿著棒旋星系M83旋臂的星系衝擊波及暗帶。可以看到在該處形成的許多弓形震波（弓形的衝擊波）。主要的弓形震波以白線標示。弓形震波連同內側的年輕星團和電離氣體一起拉長成為彗星的形狀（依據Sofue 2018年論文繪製）。

鏡頭中散發藍白色明亮光芒的地方，是剛誕生的年輕星團，裡頭密集著大質量OB型恆星。從OB型恆星發出強烈的紫外線，把氣體電離而形成HII（電離氫）區，進一步把周圍的分子氣體（暗星雲）壓縮。

電離（HII）氣體的溫度為大約1000K，電離的氫回復為中性氫的時候，會發出再電離線（Hα，656nm）而呈現紅色的光輝。電離氣體壓力升高，往氣體密度較低的地方膨脹過去，在星系旋轉的下游側吹出成為彗星的形狀。相反地，在上游側（左側），氣體流進旋臂而被壓縮，形成分子氣體（暗星雲），進而形成弓形震波。

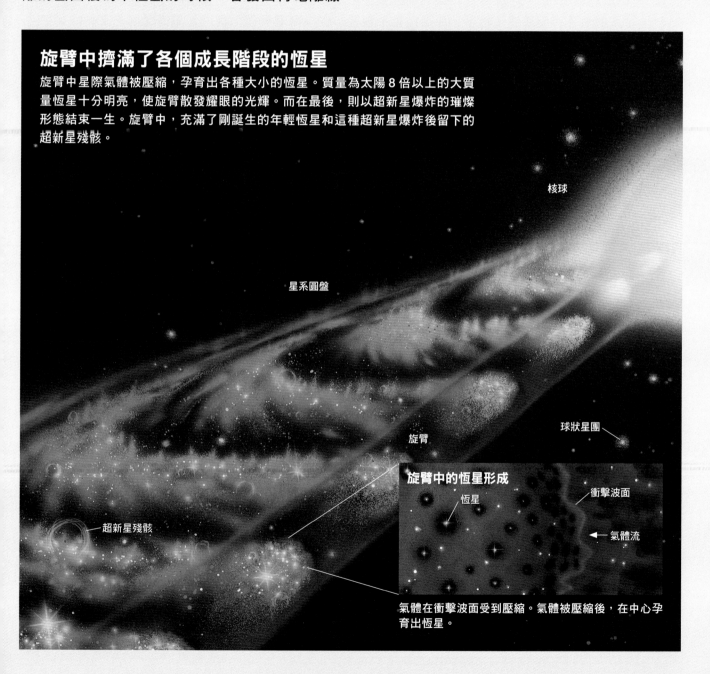

旋臂中擠滿了各個成長階段的恆星

旋臂中星際氣體被壓縮，孕育出各種大小的恆星。質量為太陽8倍以上的大質量恆星十分明亮，使旋臂散發耀眼的光輝。而在最後，則以超新星爆炸的璀璨形態結束一生。旋臂中，充滿了剛誕生的年輕恆星和這種超新星爆炸後留下的超新星殘骸。

核球

星系圓盤

球狀星團

旋臂

超新星殘骸

旋臂中的恆星形成

恆星

衝擊波面

氣體流

氣體在衝擊波面受到壓縮。氣體被壓縮後，在中心孕育出恆星。

地面的漩渦 v.s 星系的螺旋

「螺旋星系」是天文照片的大明星。它那美麗的旋臂構造讓人不禁聯想起地球上的各種漩渦現象。事實上，這兩者所呈現的波動現象非常相似。只是差別在於，星系的波是「壓縮波（恆星及星際氣體的密度濃淡）」，而水面的波是「表面波（水面的上下運動）」。但是，如果把水面波的振幅（波前的高度）改換成密度來思考的話，它們都屬於波動物理的現象。

下面的照片是把瀨戶內海的鳴門漩渦和棒旋星系 M83 做比較。鳴門漩渦的成因，是由左右兩邊交錯流入的水流引發旋轉現象（漩渦），表面興起的波浪捲繞成漩渦狀。波前（浪尖）形成不連續的階梯狀，這是一種稱為「水躍」的衝擊波（不連續）現象。而螺旋星系則是，在旋轉圓盤裡面形成棒狀的重力位，導致恆星的密度產生疏密，這個疏密以波的形式傳送之際，由於「差異自轉」而拉長成螺旋狀，因而形成旋臂（第5.5節）。而且，星際氣體成為衝擊波而被強力壓縮，這一點和鳴門漩渦也很相似。

右頁的照片是把颶風（伊莎貝爾）的衛星照片和螺旋星系 M51做比較。颱風和颶風的成因，是大氣的氣流因地球自轉所產生的「科里奧利力（科氏力）」而旋轉，這個時候產生了漩渦，溼度的濃淡和漩渦狀的雲一起成為雨雲的漩渦而發展起來。如果把空氣改換成星際物質，把雨雲改換成分子雲（暗星雲），就能把它和沿著旋臂的星際氣體受到壓縮而促使恆星形成的情景做比較。

在我們的周遭，還有數不清的各種漩渦現象。找一找身邊的漩渦現象，和星系比較看看吧！ 🪐

鳴門漩渦（左）和星系的旋臂（右）。

颱風的漩渦（左）和星系的螺旋構造（右）。旋轉的圓盤型流體系統所共通的漩渦構造，以及沿著它的波前（衝擊波）十分相似。

星系水槽實驗

星系的旋臂可以視為旋轉流體表面興起的波浪來理解。我們可以利用波的特性，施行一種星系水槽實驗。例如把圓盤型臉盆等容器裝滿水，撥水使其旋轉，觀察表面興起的漩渦形水波，重現星系的旋臂及棒狀衝擊波。我們把鮮奶倒入咖啡時，攪拌使其旋轉，也能創造出美麗的漩渦，各位應該有過這樣的經驗吧！

以下介紹東京大學祖父江義明名譽教授率領研究生所做的一個星系水槽實驗。使用一個模仿星系重力位的漏斗形水槽，把水一邊旋轉一邊注入水槽中，觀察表面興起的水波。黑白照片所示，即為它的原始模型和水槽內產生漩渦狀水波的場景〔轉載自祖父江義明與津田裕也的論文（尚未發表）〕。同時也提供了星系的圖像，以便進行比較。

水槽為圓形時

水槽的形狀（亦即重力位）為圓形時，水流會沿著圓軌道而旋轉，但是會不時地興起一些漣漪，很難保持完全靜止的水面。這和很難使浴缸不興起水波是一樣的道理。這是因為在自然界中，並沒有完全對稱而平坦地旋

水槽為圓形時，星系實驗的結果和星系（M101）作比較。

轉的流體存在。

　　將水槽中的水流速度保持大致一定，內側的角速度則比較快，外側的角速度比較慢。由於這個緣故，漣漪被拉長成螺旋狀，恰恰呈現出和旋臂一樣的樣貌。事實上，我們在M101等形狀完整的星系中，也能觀測到非常相似的旋臂。

水槽為橢圓形時？

　　接著，我們把重力位稍微彎曲成橢圓形來試試看。這麼一來，水流再也無法保持圓形，水波變成大團塊，發展成朝一定的方向拉長的直線形波前，且一直維持著這個狀態。這個場景重現了像棒狀星系一樣，在直線拉長的重力位中，產生筆直的強烈星系衝擊波的機制。

　　此外，它的波前並不是平緩的正弦波，而是具有急劇高低差的不連續面，稱為「水躍」。這個現象和星系衝擊波的不連續面具有共通的物理性質。

　　各位讀者除了咖啡杯之外，也可以到附近的池塘、河流或海邊觀察一下水波，把它們和在各種

星系水槽實驗裝置

天體看到的波動現象做個聯想，一定會非常有趣哦！　　🪐

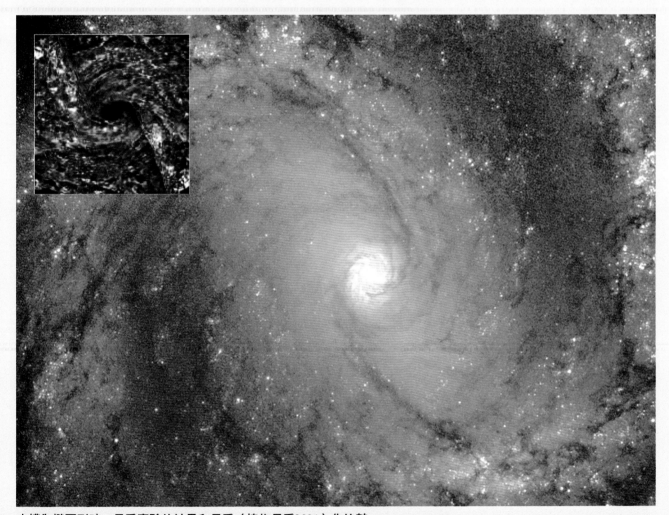

水槽為橢圓形時，星系實驗的結果和星系（棒旋星系M61）作比較。

星系中心附近發生恆星爆炸性地形成

星系不只是靜靜地旋轉，它還會發生恆星形成、超新星爆炸，或是從星系中心噴發等各式各樣的現象。

關於恆星的形成，我們在銀河系及M83等螺旋星系已經看過了，但同樣是恆星的形成，有些卻是華麗千百倍的活躍現象，那就是在星系中心附近所發生的「星暴」（也稱為星遽增）。

雖說是星暴，不過也跟一般恆星誕生機制一樣，由分子氣體孕育而生。只是，因為是在星系中心附近大規模地形成，所以誕生的恆星數量及釋出的能量有著天壤之別。

螺旋星系M81的伴星系M82正是一個典型的星暴星系（星遽增星系），以下就以它為例吧！下圖為M82的彩色照片，在照片中可以看到，

中心附近爆炸性地形成恆星，在此同時，恆星風和超新星爆炸釋出的能量導致氣體過熱，突破星系面而宛如噴流一樣地垂直噴出去的場景。因為氣體的溫度非常高，所以藉由電離氫氣放出的Hα明線散發出耀眼的光輝。

雖然是如此華麗絢爛的現象，但以物理學的角度來說，它和普通的恆星形成並無不同。左下方的圖表顯示M82和銀河系內的恆星形成區域W51的各個波長的亮度（光譜）。儘管兩者的規模不一樣，但輻射的機制本身則具有幾乎完全相同的特性。也就是說，M82是個像W51一樣普通的恆星形成區域大集團。

接著，來探討星暴發生的機制。它和銀河系等平靜星系相較之下，最顯著的差異之處，在

星暴星系M82的彩色照片。照片所示為，沉降在中心附近的分子氣體引發爆炸性的恆星誕生，恆星風及超新星爆炸釋出的能量導致氣體過熱，突破星系面而垂直噴出的場景。紅色為高溫電離氣體所放出的Hα明線。

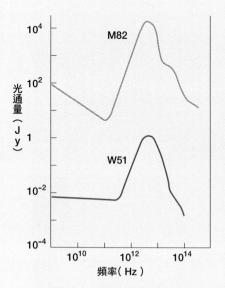

星暴星系M82和銀河系恆星形成區域W51的能譜。兩者顯示的性質幾乎一模一樣，僅僅只是規模不同。

於恆星的形成率非常高。每隔大約100萬年就會有1萬顆到10萬顆大質量恆星誕生，並在不久後發生超新星爆炸。這個時間以星系的時間尺度來看，只是一瞬間而已。和銀河系等平靜的星系比起來，恆星形成率高出1000倍至1萬倍。而且這些都集中在中心100～1000光年的半徑範圍中發生。釋出的能量達到超新星的1萬倍，大約10^{55}爾格。因此，從整個星系來看，宛如在中心發生了大爆炸（瞬間的能量釋放）。

那麼，為什麼中心會突然發生恆星的形成呢？原因在於，在星暴之前星際氣體朝中心高效率且急遽地沉降，形成了極高密度的中心氣體圓盤。而星際氣體急遽沉降的原因，可能是整個星系受到劇烈搖晃所引發的現象。例如有其他星系從旁邊通過，或撞在一起，使得星系在瞬間受到巨大潮汐力的影響，以至於扭曲了。

M82是M81這個巨大螺旋星系的伴星系。依據M82的旋轉曲線來調查質量分布，得知其周邊區域（暈）的質量幾乎都被剝奪殆盡，由此可知M82受到了非常強大的潮汐力。它從主星系M81旁邊僅僅1萬光年的地方擦身而過，幾乎和主星系正面碰撞。

因此，M82的星系圓盤被大幅扭曲。在深深扭曲的重力位裡面，星際氣體被翻弄而產生強烈且巨大的星系衝擊波，從而失去能量和角動量，急速地朝星系中心掉落。可能是落下的氣體聚集成為濃密的中心圓盤，極高效率地孕育出恆星，因而發生星暴。

從星系中心的黑洞噴發出巨大噴流

星系的各種活動現象當中，有一種華麗絢爛的程度不亞於星暴的現象，就是「宇宙噴流」。尤其是從潛藏於中心核的超大質量黑洞之吸積盤噴出來的噴流，不僅強烈，而且又長又大。它的規模遠遠超過星系，在星系際空間朝相反方向伸展100萬光年以上，成為巨大的傘狀，並且藉由同步輻射釋放出無線電波和X射線。噴出速度幾近光速，屬於相對論的範疇。在詳細觀測了發生線性偏極的無線電波之後，得知噴流的本體是扭曲的磁力線束。

右頁的照片是從編號半人馬座A的強力無線電波源噴出之相對論性噴流的例子。母體為橢圓星系NGC 5128，但它是一個周圍包覆著氣體圓盤的特殊星系。從中心朝垂直於圓盤的兩個方向噴出宛如蕈狀雲（傘）一般的噴流。

相對論性噴流的成因，可能是往黑洞一邊沉降一邊旋轉的吸積盤把周圍磁力線扭曲所造成。右邊的插圖是被扭曲的磁力線從吸積盤伸展出去的模式圖。這個景象和搓揉橡皮筋是相同的原理。

距離地球1100萬光年的橢圓星系NGC 5128。它的中心核有個黑洞，往黑洞旋轉墜落的吸積盤垂直地噴出宇宙噴流。這是編號半人馬座A的強力無線電波源。

星系際磁場

弓形震波（衝擊波）

被扭曲的磁力線

宇宙噴流

活躍星系核超大質量黑洞吸積盤

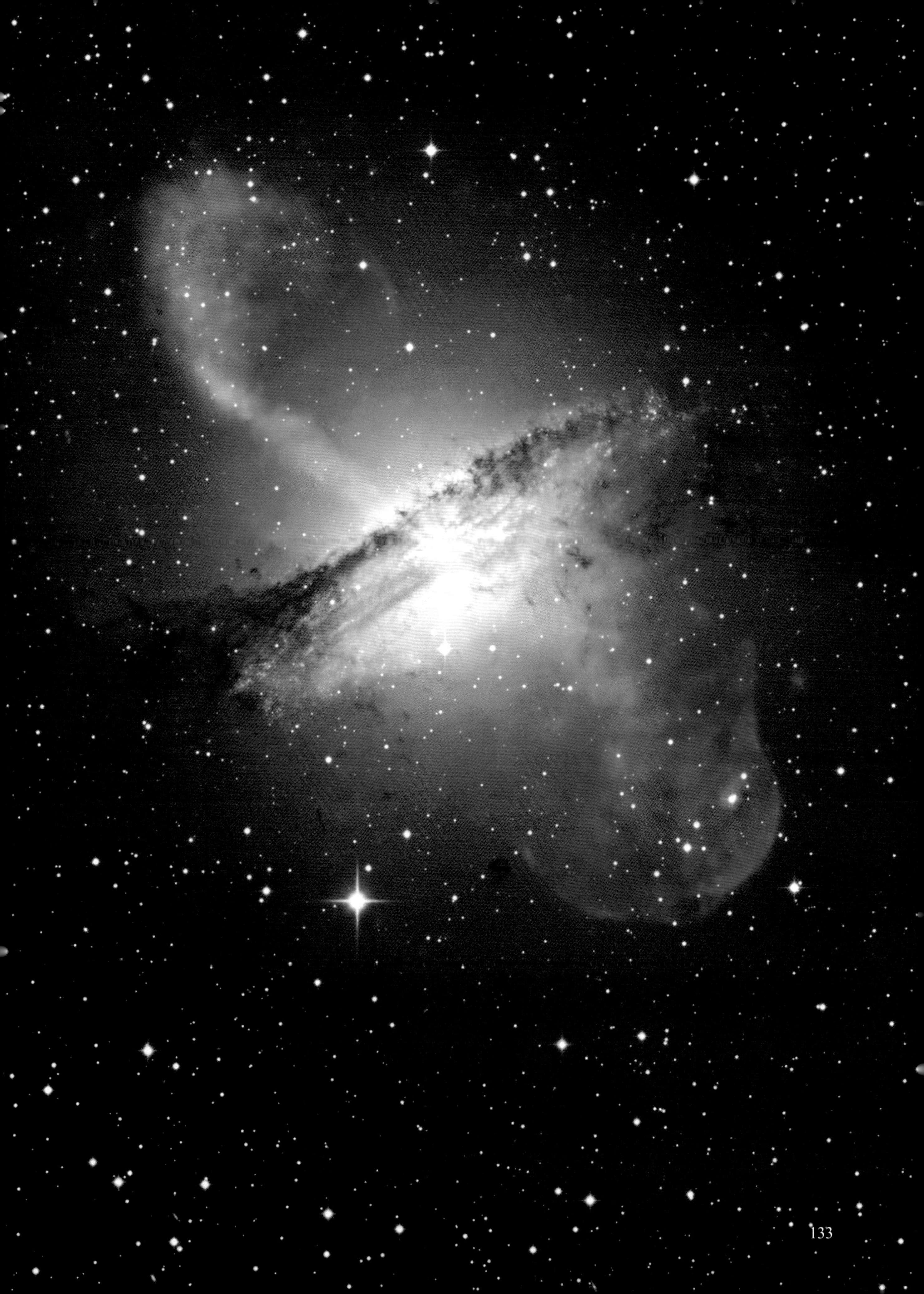

計算星系和恆星的最小質量

關於星系和星系團的形成,目前還沒有任何一種理論足以使眾人信服。雖然也有不少科學家觀測了原始星系,企圖找出謎底,但還沒有發現明確的線索。不過,目前已經在進行各種研究,依據星系的型態和性質,探討星系形成之際及其後的環境對於星系演化的影響。

星系的種類繁多,有捲繞成圓盤形的「螺旋星系」、螺旋中央有一支棒子的「棒旋星系」、呈球形或橢圓形的「橢圓星系」,還有無法依形狀分類的不規則星系,或是正在互相作用的星系等等。這種分類由美國天文學家哈伯最先提出,所以稱為「哈伯星系分類法」(第5.1節)。

密度變高的氣體團塊

質量:M

半徑:R

收縮速度:V

氣體的密度:$\rho = \dfrac{M}{R^3}$

求算天體的形成時間

我們可以計算出,充滿宇宙的不勻氣體,藉由重力收縮而形成天體所需的時間 t。設不勻氣體的大小為 R,收縮的速度為 V,則

$$t \sim \frac{R}{V}$$

根據「萬有引力定律」,因重力所產生的加速度 $\dfrac{V}{t}$ 為

$$\frac{V}{t} \sim \frac{GM}{R^2}$$

所以,把兩個式子的 V 消去,並利用氣體的密度 $\rho \sim \dfrac{M}{R^3}$,可求得形成時間 t 為

$$t \sim \frac{1}{\sqrt{G\rho}}$$

我們已經知道,星系團內的星系分布和形態之間具有一定的關係。在星系比較密集的星系團,以及星系團的中心區,大多是橢圓星系和核球較大的螺旋星系。另一方面,在星系密度較低的星系團中,則以捲繞鬆散的圓盤狀螺旋星系居多。這個關係顯示出,星系的形成及演化的過程乃強烈地受到其所屬星系團的性質影響,這一點在後面會再詳細說明。換句話說,星系的演化受到其環境所左右。

星系的最小質量約為太陽的 7 億倍

物質藉由重力集結並保持一定的形狀,即為天體。但是星系和恆星並非從宇宙肇始就存在,而是在某個時候,氣體裡面產生了「不勻」,亦即形成了密度較高的地方,這個地方的重力變得比周圍大,於是把氣體和物質聚集起來,成長為一個團塊,進而成為天體。這樣的成長過程稱為「重力不穩定」(第3.3節)。

會誕生多大質量的天體,取決於氣體不勻的密度和尺寸。假設有一個質量 M、密度 ρ、大小 R 的不勻氣體,因本身的重力而逐漸收縮,收縮時間 t 為半徑 R 除以收縮速度 V,亦即

$$t \sim \frac{R}{V}$$

又,根據萬有引力定律,因重力所產生的加速度 $\dfrac{V}{t}$ 為

$$\frac{V}{t} \sim \frac{GM}{R^2}$$

所以,把 V 消去的話,可以得到

$$t \sim \frac{1}{\sqrt{G\left(\dfrac{M}{R^3}\right)}}$$

在這裡,

$$\frac{M}{R^3} \sim \rho$$

因此，可以得到

$$t \sim \frac{1}{\sqrt{G\rho}}$$

這個時間 t 稱為「自由下落時間」。不勻氣體逐漸收縮的自由下落時間，與氣體團塊的大小和質量無關，純粹由氣體的密度 ρ 來決定。

星系是從充滿宇宙的不勻物質成長而來。星系若要藉由重力集結成團塊，必須重力大到不會被氣體的壓力反彈回來才行。因此，重力收縮的時間必須小於以聲速跑過整個星系的時間。也就是說，設重力收縮的時間為 t，星系的大小為 R，聲速為 s，則

$$t < \frac{R}{s}$$

又，如果充滿宇宙的氣體溫度為100萬 K 左右，則聲速為秒速100公里左右。

依此條件，決定了恆星誕生出來的尺寸下限及質量下限。這個下限質量稱為「金斯質量」。首先，依據上面的式子求算星系的下限尺寸 R，可以得到

$$R \sim ts$$

接著，當星系的密度為 ρ 時，星系的金斯質量 M 為

$$M \sim \rho\left(\frac{4\pi}{3}\right)R^3$$

設星系的重力收縮時間 t 為 1 億年，並且把聲速用秒速100公里代入，則星系誕生出來的下限尺寸 R 為

$$R \sim (1億年) \times (100\ \text{km/s})$$
$$\sim 3.2 \times 10^{17}\,\text{km}$$

求算星系的下限質量

若要從氣體的不勻形成星系，必須具備的條件是重力收縮時間 t 小於以聲速 s 跑過星系直徑 R 的時間。也就是

$$t < \frac{R}{s}$$
$$\therefore R \sim ts$$

設星系即將形成前的氣體密度為 ρ，則星系的下限質量 M 可利用

$$M \sim \rho\left(\frac{4\pi}{3}\right)R^3$$

來求得。

1 秒差距為大約30兆公里，亦即3.26光年，所以星系的下限尺寸大約為 1 萬秒差距，也就是 3 萬光年左右。

接著，假設星系即將形成前的宇宙氣體密度 ρ 為每 1 立方公分大約 10^{-27} 公克，則誕生的星系之金斯質量 M 為

$$M \sim \frac{10^{-27} \times 4\pi \times (3.2 \times 10^{17} \times 10^5)^3}{3}$$
$$\sim 1.4 \times 10^{39}\,(\text{g})$$

太陽質量為 2×10^{30} 公斤，所以最小星系的金斯質量為太陽的7千萬倍左右。這個值和我們觀測到的矮星系質量是差不多的程度。

恆星的最小質量為太陽的10分之1左右

原始星系形成後，該處變得十分濃密的星際氣體進一步孕育出恆星。過程依舊是星際氣體的重力收縮。星際氣體遠比充滿宇宙的原始氣體更濃密，因此重力收縮的時間尺度更小。在銀河系觀測到的暗星雲中心，密度為每1立方公分約有1萬個氫分子。這麼一來，重力收縮的時間，亦即從氣體孕育出恆星的時間，需要100萬年。

暗星雲中，溫度也非常低，所以聲速只有秒速100公尺左右的程度。因此，藉由重力收縮所形成的最小團塊的尺寸 R 為

$$R \sim ts$$
$$\sim (100萬年) \times (100 \text{ m/s})$$
$$\sim 3.2 \times 10^{12} \text{km}$$

大約0.1秒差距。換算成質量的話，和太陽質量差不多。暗星雲中心區的密度和溫度實際上更為多樣，所以會孕育出各種質量的恆星。恆星的質量從太陽的10分之1到30倍，應有盡有。其中，小質量恆星的數量遠高於大質量恆星。根據觀測的結果，銀河系中的暗星雲至今仍有恆星在誕生。

星際氣體的密度以星系的中心區較大。如果有其他星系靠過來，它的重力會使星際氣體產生劇烈的不勻，導致氣體一齊往中心掉落。氣體越多，恆星的形成就越活躍，所以大量氣體掉落會促使恆星爆炸性的形成，這個現象稱為「星暴」。在宇宙誕生初期的星系中，氣體的數量比現在更多，星系之間的距離也比現在更近，潮汐交互作用也更大，所以星暴現象也必定遠比現在更為盛大地發生。這個現象對於星系核球的發達、星系整體的形態演化，也具有重大的影響。

算算看星系團的質量

眾多星系聚集成為星系群和星系團。最靠近我們的星系團是「室女座星系團」，稍遠的地方有巨大的「后髮座星系團」等等。星系團是星系藉由彼此重力聚集形成的巨大天體。我們來算算看它的質量吧！計算的基礎，仍然是使用牛頓的萬有引力定律，並且利用星系團的半徑和星系團內部的運動。

星系團的距離是把各個星系的距離利用哈伯常數等等來求算。測定星系團的目視角度，即可得知星系團的半徑 R。各個星系在星系團中自由運動，各自的退行速度與平均的退行速度有所差異。這個速度的差異為秒速1000～2000公里左右，稱為「速度離散（σ）」。星系團的質量 M、半徑 R，和速度離散 σ 之間，具有根據牛頓萬有引力定律所求得

$$M \sim \frac{R\sigma^2}{G}$$

的關係。根據觀測，一般星系團的半徑 R 為100萬～500萬秒差距，亦即300萬～1500萬光年左右。設星系團半徑 R 為1500萬光年，速度離散 σ 為秒速2000公里，則星系團質量 M 為

$$M \sim (1500 \times 10^4) \times (9.5 \times 10^{12} \times 10^3)$$
$$\times (200 \times 10^3)^2 \div (6.7 \times 10^{-11})$$
$$\sim 9 \times 10^{45} \, \text{kg}$$

銀河系的質量為大約 4×10^{41} 公斤，所以星系團是擁有相當於 2 萬個銀河系的巨大質量天體。

不過，如果星系群和星系團純粹是星系的集合體，那麼，把其中每一個星系的質量加總起來，應該會等於整個星系團的質量才對。但是，依照這樣計算出來的星系團質量，卻遠遠小於根據星系團的運動和半徑計算出來的力學質量。剛才算出的星系團質量相當於 2 萬個銀

河系，但一般的星系團卻只擁有數千個星系。也就是說，把星系加總起來的質量，只有依據力學計算之質量的1～10%而已。由此可知，星系團的絕大部分質量都「看不到」。

在第4.5節也曾經提到，觀測時無法偵測出來的質量稱為「暗物質（看不到的質量）」。不只是銀河系和星系，就連星系團，乃至於整個宇宙，有絕大部分的質量都是無法觀測到的暗物質。　　　　　　　　　　　　　🪐

求算星系團的質量

依據從地球觀測到的星系團之目視角度，求算星系團的半徑 R。星系團的星系分別自由地運動，各自的退行速度與平均的退行速度相差大約秒速1000～2000公里。這個差異稱為「速度離散（σ）」。設星系團的質量為 M，則可以利用

$$M \sim \frac{R\sigma^2}{G}$$

的式子求算星系團的質量。

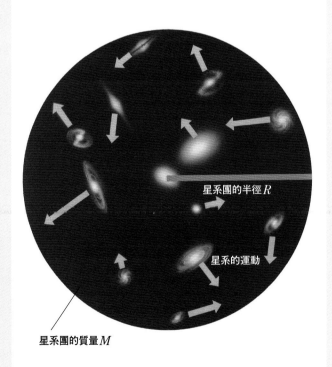

星系團的半徑 R

星系的運動

星系團的質量 M

6

宇宙

宇宙盡頭的天體「類星體」，能量來源可能是超大質量黑洞。我們來計算看看，這個黑洞的半徑，以及恆星被吸入時所釋出的能量吧！在本章的後段，將試著計算宇宙的大小、質量及年齡。進一步，依據宇宙的體積和密度求算宇宙的「臨界密度」。讓我們來想想看，宇宙會永遠地持續膨脹下去，或者總有一天會轉為收縮呢？

計算超大質量黑洞的半徑

在星系的中心，氣體和恆星的密度顯著提高。大質量恆星和氣體由於彼此的重力及摩擦而失去角動量及重力位能，紛紛往中心掉落。因此，在星系的中心出現擁有巨大質量的中心核。在星系中心附近，不僅會發生星暴，更有各式各樣的劇烈活動。尤其是中心部分的小區域會放射出龐大的能量，這個區域稱為「活躍星系核」。

這個能量來源遠非一般的核融合反應可比擬，極可能是有個超大質量黑洞的存在，當恆星和氣體掉進去那裡的時候，一部分重力位能轉化為光及 X 射線等輻射能。

遠方的星系，如果擁有強大的活躍星系核，則只會看到中心核發出異常明亮的光芒，幾乎看不到星系的其他部分。而且，由於中心核非常緻密，一般的觀測無法加以分解，乍看之下好像是一顆恆星。這樣的天體稱為「類星體（類恆星狀天體）」。根據最近的光學觀測，已經可以在類星體的周圍看到星系的本體了。這才確認，類星體其實是活躍星系的中心核。

想要正確測量活躍星系核的質量十分困難。在觀測許多星系中心附近的恆星和氣體運動之後，再據以推定的結果，得知有大約100萬倍至 1 億倍太陽質量的物質，被封閉在中心周遭0.1～1秒差距（約 3 兆至30兆公里）的範圍內。但是，正如以下要做的說明，3 兆公里這個大小，對於黑洞來說真是大得不得了，所以還不能斷言活躍星系核就是個黑洞。假設那裡是個具有 1 億倍太陽質量的黑洞，又會是什麼樣的天體呢？

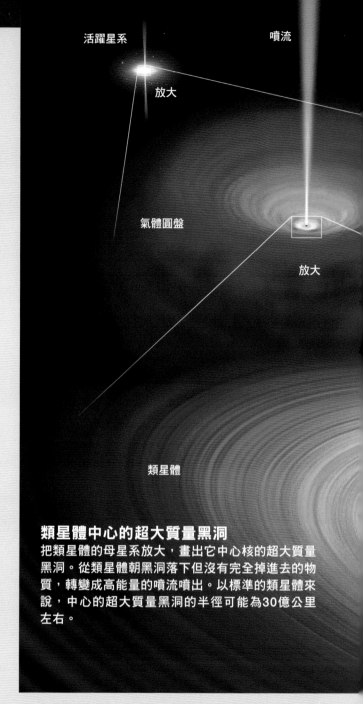

類星體中心的超大質量黑洞
把類星體的母星系放大，畫出它中心核的超大質量黑洞。從類星體朝黑洞落下但沒有完全掉進去的物質，轉變成高能量的噴流噴出。以標準的類星體來說，中心的超大質量黑洞的半徑可能為30億公里左右。

我們在第2.10節說明過，黑洞的半徑稱為「史瓦西半徑」。設黑洞的質量為 M，光速為 c，則這個半徑 r_s 可記成

$$r_s = \frac{2GM}{c^2}$$

如果黑洞的質量 M 與太陽的質量不相上下，則史瓦西半徑為 3 公里。因為史瓦西半徑 r_s 與質量 M 成正比，所以 1 億倍太陽質量的黑洞半徑 r_s 為

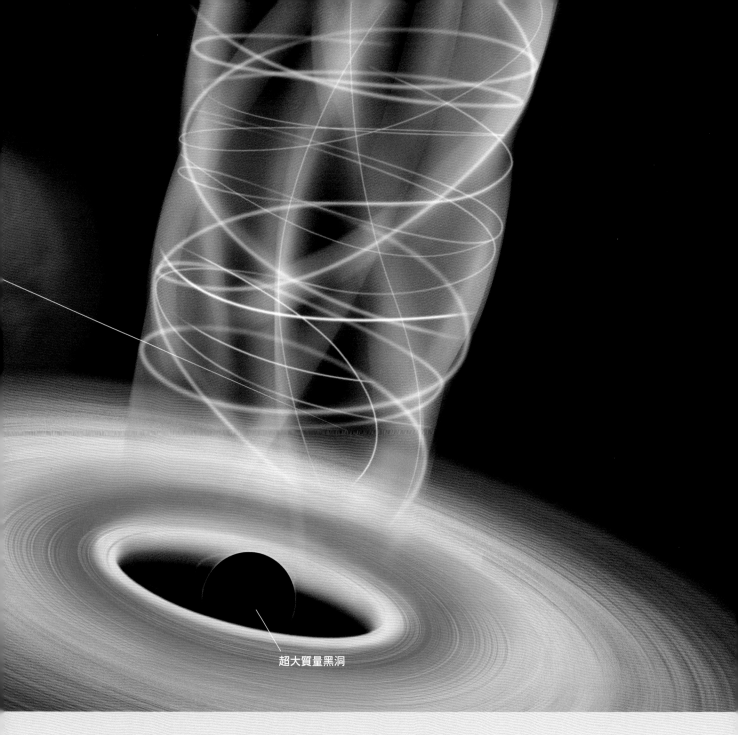

超大質量黑洞

$$r_s = (3\,\text{km}) \times (1億)$$
$$= 3億\,\text{km}$$

這個大小相當於0.00001秒差距,遠比活躍星系核大小的觀測值要小得多。以星系的尺度來說,小到好像用針刺了一下。仙女座星系的距離為230萬光年,如果那裡有一個這樣的黑洞,則它的目視角度θ為

$$\theta = \frac{(3億\,\text{km})}{(230萬光年)}$$
$$= \frac{3 \times 10^8}{(230 \times 10^4) \times (9.5 \times 10^{12})}$$
$$\fallingdotseq 1.4 \times 10^{-11}(弧度) \fallingdotseq 3 \times 10^{-6}(角秒)$$

亦即100萬分之3角秒。活躍星系和類星體位於更遙遠的地方,例如3億光年的地方,有個擁有1億倍太陽質量的黑洞,事實上看起來只是個半徑為1億分之2角秒的小點。

計算黑洞釋放出來的能量

不論是光或任何東西，都無法從黑洞逃脫，所以在理論上，我們沒有辦法直接看到或觀測它。但是，由於它的周邊具有強大的重力場，往裡面掉進去的物質會釋放出龐大無比的能量，成為活躍星系核及類星體的能源。

被黑洞的強大重力場捕獲的恆星及氣體，在落下的途中會形成高速旋轉的圓盤，稱為「吸積盤」。史瓦西半徑附近的吸積盤氣體互相摩擦而升高溫度，一邊放出 X 射線和伽瑪射線，一邊失去能量而被吸入黑洞。這個時候，被吸入的物質會把百分之幾的靜止能量以電磁波的形式釋放出來。

這個放出量比核融合反應的能量輻射效率高出好幾個數量級，可能就是活躍星系核和類星體的能量來源。

例如，假設每 1 年分別有 1 個質量和太陽相同的恆星被吸入黑洞裡面吧！假設這個恆星有 5% 的質量轉換成能量釋放出來，則它的能量放射率（光度）L 為

$$L \sim \frac{0.05 \times Mc^2}{(1\text{年})}$$

$$\sim \frac{0.05 \times (2 \times 10^{30}) \times (3 \times 10^5 \times 10^3)^2}{3.15 \times 10^7}$$

$$\sim 3 \times 10^{38}\,\text{W}$$

太陽的光度為 3.85×10^{26} 瓦特，所以黑洞釋出的能量達到太陽能量的 1 兆倍，是整個星系能量的 10～100 倍之多。而且，這些能量是從黑洞周圍非常緻密的區域釋放出來。黑洞可以說是一個非常有效率的能源。

一旦出現黑洞，物質就只能往裡面掉，再也出不來。也就是說，黑洞只會不斷地吸入周圍的物質而越來越壯大。

黑洞為能量來源

被吸入黑洞的物質在落下途中形成了吸積盤。吸積盤的氣體互相摩擦而升高溫度，以 X 射線等電磁波的形式釋放出能量。假設 1 年有 1 個質量和太陽相等的恆星被吸入黑洞，並釋放出它靜止能量的 5%。設光速為 c，則黑洞的能量放射率 L 為

$$L \sim \frac{0.05Mc^2}{(1\text{年})}$$

$$\sim 3 \times 10^{38}\,\text{W}$$

高達太陽釋放能量的 1 兆倍左右。

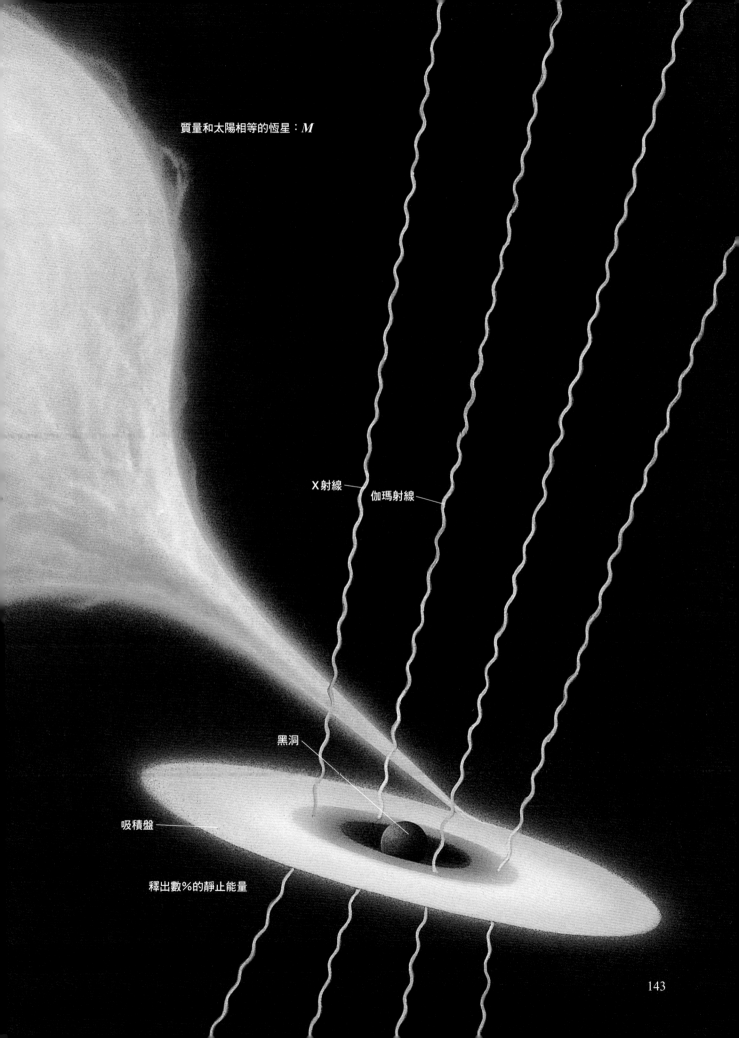

質量和太陽相等的恆星：M

X射線 ── 伽瑪射線 ──

黑洞

吸積盤 ──

釋出數％的靜止能量

如果被吸進黑洞的話？

「黑洞是一個連光也無法逃脫的重力場區域。」這個定義，就字面上來說很容易理解，但若真的被吸進去的話，會變成什麼樣子呢？會興起這個疑問，也是很自然的事。

想要正確說明答案並不是容易的事。天體和物體，是不是能夠平安無事地通過在黑洞周圍繞轉的強烈輻射場及相對論範疇的高溫氣體，一直接近到「事件視界（史瓦西半徑）」呢？且讓我們用這個科幻的想像來思考看看吧！

假設往黑洞掉落的物體，在即將越過史瓦西半徑（光的脫逃界限）進入內部之前會放出光，這個光朝外面飛出來，但因為重力會產生非常大的紅移。也就是說，這個光即使抵達外面的觀測者，也會因為波長被拉得太長而無法觀測。就算能夠捕捉到它的訊號，也會依循相對論效應，使得時間變得停滯，所以放出光的物體，例如太空船（或天體），在接近事件視界時，看起來就像是遭到凍住而動彈不得。

但另一方面，對於乘坐太空船的人來說，卻好像什麼事都沒發生，照常通過事件視界，進入黑洞內部的另一個世界。當然，他們也無法利用逆噴射脫離或停留在事件視界一帶，太空船唯一的途徑就是像自由落體般往下掉。

由於只能自由落下，所以它是不是能夠平安無事地被吸進去，就要看太空船（天體）能不能耐得住黑洞的猛烈重力梯度（潮汐力）。但是，這個潮汐力會隨著黑洞越巨大變得越小，所以應該能夠輕鬆通過。

接下來，計算看看，太空船在黑洞周邊承受的潮汐力。所謂的潮汐力，是指物體的不同位置承受的重力不同而產生的力。例如我們所熟知的，地球海面的起伏（漲潮與退潮），就是因為地球上不同位置的海面與月球距離不同造成引力的差異所引發的現象。

首先，重力加速度為

$$g = \frac{GM}{r^2}$$

M：黑洞的質量
r：太空船所在位置的半徑

設太空船前端和尾端的位置差異（亦即太空船或天體的大小）為 Δ，則雖然是自由落下，但太空船裡面還是會產生

$$\delta_g = -GM\left(\frac{1}{(r+\Delta)^2} - \frac{1}{r^2}\right)$$
$$\simeq 2GM\frac{\Delta}{r^3}$$

的重力差異。這個力作用於把物體拉長的方向上。此即所謂的潮汐力。

在這裡，假設落下到 r 等於史瓦西半徑（$r_s = \dfrac{2GM}{c^2}$）的地方

吧！這麼一來，就可以把上面的式子記成

$$\delta_g = 2GM\frac{\Delta}{\left(\dfrac{2GM}{c^2}\right)^3}$$
$$= \Delta\left(\frac{c^3}{2GM}\right)^2$$

依照這個式子，潮汐力與光速的 6 次方成正比，感覺這個值將會大得驚人。不過幸好潮汐力與質量的 2 次方成反比。也就是說如果是一個巨無霸黑洞，這個潮汐力或許不會大到什麼程度。

因此，把質量以太陽質量（$M_\odot$）為單位，把加速度以地球上的1G＝981cm·s^{-2}為單位，改寫上面的式子成為

$$\delta_g = 1.04 \times 10^9 \left(\frac{\Delta}{m}\right)\left(\frac{M}{M_\odot}\right)^{-2} G$$

如果是個質量和太陽差不多的黑洞，那麼在它的史瓦西半徑處，1 公尺的物體估計會承受本身重量10億倍的負 G。太空船和人體都會被撕扯得粉身碎骨。

想像一下，被銀河系中心的大質量黑洞（太陽質量的400萬倍：$M = 4 \times 10^6 M_\odot$）吸進去的情景吧！如果是太空船和人體大小的物體（$\Delta = 1m$），潮汐力約為0.00007G，這是個很小的值。即使被吸進去，太空船或許能平安

無事地進去。

那麼，如果是地球被吸進去呢？把 $\Delta = 13000$ km（直徑）代入式子，算出的潮汐力高達820G。地球將不再是一個團塊，而是被拉成一條細絲。而如果是太陽（直徑140萬km）之類的恆星，潮汐力更高達10^4G左右。恆星和行星都會被粉碎化為微塵。順便說一下，太陽表面的重力加速度為大約28G。

如果是被65億倍太陽質量的M87的超大質量黑洞吸進去呢？太空船和人體每1m承受的潮汐力僅僅只有2×10^{-11}G，這個力小到幾乎可以忽略不計的程度。而地球為0.00036G，恆星（太陽）為0.039G，雖然會有點變形，但應該能夠平安度過。

整個宇宙，如果把它視為一個兩端速度皆為光速的天體，則也可以當成一個質量 $M \sim 10^{23} M$。的超大質量黑洞。這麼一來，它內部物體所承受的潮汐力也可以利用上面的式子進行概算，但這個值微乎其微。幸虧如此，天體及星系才能保持完整地存在。

如果想要實地調查黑洞的話，黑洞一定要愈大愈好。🪐

大黑洞　　　　　　　　　小黑洞

本圖所示為太空船掉進大黑洞和小黑洞的場景。在小黑洞（右），同一架太空船的前端和後端所承受的重力有很大的差異，越靠前端的部分會受到越強的重力拉扯，所以船身會被拉成像義大利麵條一般細長。在大黑洞（左），前端和後端所承受的重力相差不多，因此即使飛到事件視界也不會被拉長，而能夠平安舒適地繼續接近黑洞。不過，在靠近黑洞的時候，太空船船身所發出的光（亦即顏色）會改變。重力強，則光的波長會拉長，所以船身會逐漸變成紅色。

算算看整個宇宙的半徑與體積

從地球開始一步一步地登上宇宙的階梯，現在終於能夠談談宇宙的全體了。

大家有沒有想過宇宙究竟有多大呢？我們來算算看宇宙的半徑和體積吧！首先，想像一個很大、非常大，大到難以想像的空間吧！

宇宙正在膨脹，因此宇宙盡頭的膨脹速度 v 和光的速度 c 幾乎不相上下，

$$v \sim c$$

我們看不到它的另一頭，所以只能把那個地方稱為「**宇宙的地平線**」。

宇宙從誕生到現在，經過了多少時間呢？如果知道宇宙的年齡，便能算出宇宙的大小。知道宇宙年齡的一個方法，是依據銀河系中最古老之恆星的年齡來推定（在第6.5節介紹了從哈伯常數求算宇宙年齡的方法）。

星系和銀河系是在宇宙誕生之後才形成的，所以它們的年齡應該會比宇宙的年齡短。也就是說，宇宙的年齡會比銀河系中最古老之恆星的年齡長一些。

只要依據理論，就能正確追溯恆星的演化過程，所以只要給予恆星的質量，就能利用第2.5節介紹的赫羅圖正確地追溯時間。因此，對於由各種質量的恆星集結而成的星團，只要製作星團的赫羅圖，便能正確推定它的年齡。

依照這個方法推定年齡的話，銀河系中最古老的天體為球狀星團，而其中年齡最長的球狀星團大約在100億年以上。也就是說，銀河系的年齡也差不多100億年，而宇宙的年齡比這個還要長一些。在這裡，暫且假設宇宙的年齡 t 為

$$t = 150億年$$

根據最近的精密測定，宇宙的年齡為138億年左右。這裡的假設值只是為了方便進行概算。

宇宙正在膨脹中，最遠的天體以幾近光速的速度在遠離我們而去，因此可以認為宇宙的膨脹速度大致等於光速。宇宙自從誕生之後，一直是以幾近光速 c 持續膨脹到現在。因此，如果設宇宙的年齡為 t，則可求得宇宙盡頭的距離 R 為

$$
\begin{aligned}
R &\sim c \times t \\
&\sim （光速）\times（150億年）\\
&\sim 150億光年
\end{aligned}
$$

1 光年為大約 9 兆5000億公里，所以

$$
\begin{aligned}
R &= (1.5 \times 10^{10}) \times (9.5 \times 10^{12}) \\
&\sim 1.4 \times 10^{23} \text{ km}
\end{aligned}
$$

這個距離可真是遙不可及啊！

當然，這是指我們「看得到」範圍的宇宙，亦即我們到宇宙「視界」的距離。

上面這個超乎想像的浩瀚空間，我們假設它是一個半徑大約 1.4×10^{23} 公里的球，那麼，以公尺為單位，來計算宇宙視界以內的全部體積 V 的話，會是

$$
\begin{aligned}
V &\sim \frac{4\pi R^3}{3} \\
&\sim \frac{4 \times 3.14 \times (1.4 \times 10^{26})^3}{3} \\
&\sim 1.2 \times 10^{79} \text{ m}^3
\end{aligned}
$$

試試看，在紙上寫一個 1，後面加上79個 0。它的1.2倍，就是宇宙視界內的體積，以立方公尺為單位表現出來的值。

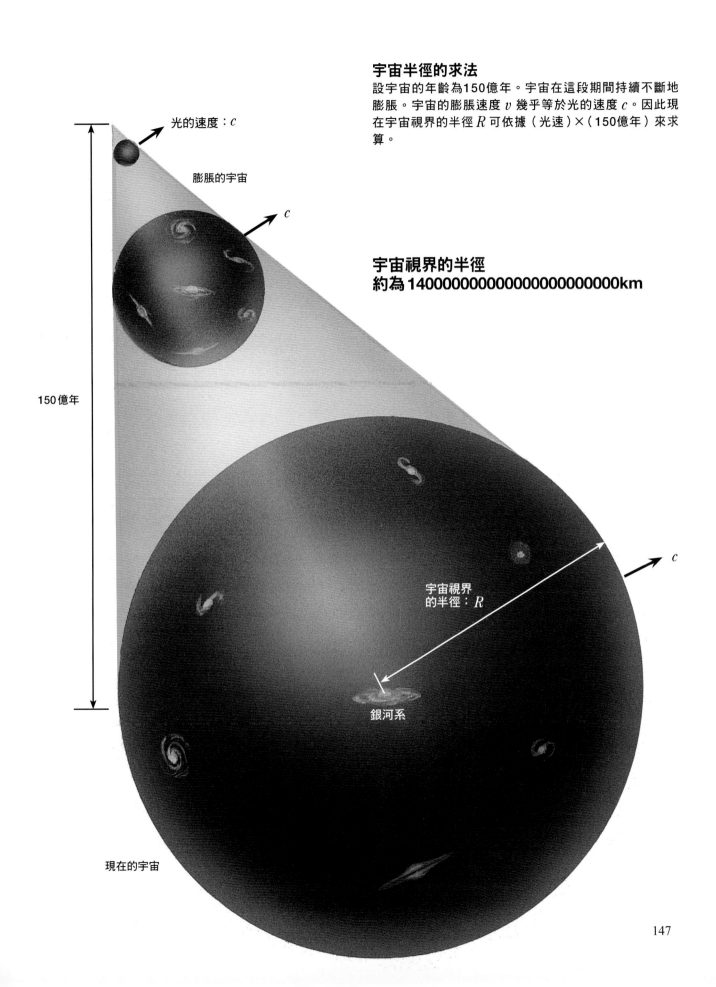

宇宙半徑的求法

設宇宙的年齡為150億年。宇宙在這段期間持續不斷地膨脹。宇宙的膨脹速度 v 幾乎等於光的速度 c。因此現在宇宙視界的半徑 R 可依據（光速）×（150億年）來求算。

光的速度：c

膨脹的宇宙

宇宙視界的半徑
約為1400000000000000000000000km

150億年

宇宙視界
的半徑：R

c

銀河系

現在的宇宙

算算看宇宙整體的質量

　　知道宇宙的半徑和膨脹速度之後，就能大約計算宇宙質量 M 了。宇宙具有「運動能量」和「重力能量」。所謂宇宙的運動能量，是指宇宙膨脹運動所產生的能量（動能）；而所謂的重力能量，是指與本身引力抗衡的位置能量（位能）。設光速為 c，宇宙的運動能量 E_k 大致等於宇宙的相對論能量 Mc^2，亦即

$$E_k \sim Mc^2$$

設宇宙的半徑為 R，則重力能量 E_g 為

$$E_g \sim \frac{GM^2}{R}$$

在這裡，假設宇宙的運動能量和重力能量大致保持平衡，則可以算出宇宙的質量 M。亦即

$$Mc^2 \sim \frac{GM^2}{R}$$
$$\therefore M \sim \frac{Rc^2}{G}$$

重力常數 G 的值為 $6.7 \times 10^{-11} \mathrm{m}^3 \cdot \mathrm{kg}^{-1} \cdot \mathrm{s}^{-2}$，所以

$$M \sim \frac{(1.4 \times 10^{23} \times 10^3) \times (3 \times 10^5 \times 10^3)^2}{6.7 \times 10^{-11}}$$
$$\sim 1.9 \times 10^{53} \mathrm{kg}$$

太陽的質量為大約 $2.0 \times 10^{30} \mathrm{kg}$，銀河系的質量為大約 $4 \times 10^{41} \mathrm{kg}$，所以宇宙的質量 M 為

$$M \sim 10^{23} \text{太陽質量}$$
$$\sim 5 \times 10^{11} \text{銀河系質量}$$

宇宙的質量大概是5000億個銀河系。

把宇宙的質量 M 除以體積，可以求出宇宙的平均密度 ρ。亦即

$$\rho \sim M \div \frac{4\pi R^3}{3}$$
$$\sim \frac{(1.9 \times 10^{53} \times 10^3 \mathrm{g}) \times 3}{4\pi \times (1.4 \times 10^{28})^3}$$
$$\sim 1.6 \times 10^{-29} (\mathrm{g \cdot cm^{-3}})$$

由此算出，每50立方公分有1個氫原子存在。

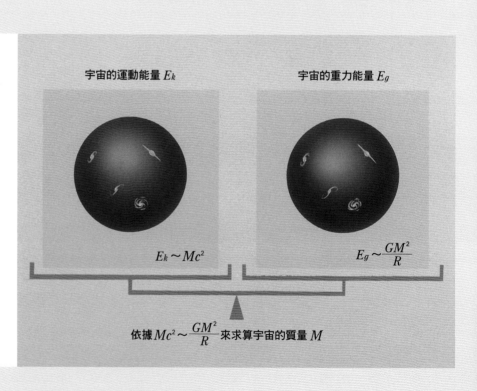

宇宙質量的求法

宇宙具有因為膨脹運動所產生的能量 E_k 和抗衡本身引力的重力能量 E_g。

設光速為 c，宇宙的質量為 M，則
$$E_k \sim Mc^2$$
設宇宙的半徑為 R，則重力能量 E_g 為
$$E_g \sim \frac{GM^2}{R}$$
假設宇宙的運動能量和重力能量相等，即
$$E_k \sim E_g$$
則可求得宇宙的質量
$$Mc^2 \sim \frac{GM^2}{R}$$
$$\therefore M \sim \frac{Rc^2}{G}$$

宇宙的運動能量 E_k　　　　　宇宙的重力能量 E_g

$$E_k \sim Mc^2$$　　　　$$E_g \sim \frac{GM^2}{R}$$

依據 $Mc^2 \sim \dfrac{GM^2}{R}$ 來求算宇宙的質量 M

這個密度稱為宇宙的「**臨界密度** ρ_0」。比起臨界密度，如果實際宇宙的密度更高，亦即宇宙的質量更大，則宇宙的膨脹將會在某個時候轉為收縮，宇宙便會成為一個封閉的空間。另一方面，如果實際宇宙的密度比臨界密度低，則宇宙將永遠膨脹下去成為開放的空間（在第6.6節有詳細說明）。

算算看宇宙的年齡

宇宙依循「哈伯定律」正在膨脹中。也就是說，星系遠離我們的退行速度 v 和星系的距離 d 成正比而增加。退行速度 v（km·s^{-1}）除以距離 d（Mpc）得到的宇宙膨脹係數 H 稱為「哈伯常數」。亦即

$$H = \frac{v}{d}$$

已知現在的哈伯常數值 H_0 為每100萬秒差距（pc：1秒差距為3.26光年，約30兆公里）秒速67公里左右。

哈伯常數的倒數具有時間的維度。亦即

$$t(H) = \frac{1}{H} = \frac{d}{v}$$

上式的 $t(H)$ 稱為「**哈伯時間**」，可以用於計算宇宙的年齡。如果宇宙的密度 ρ 等於臨界密度 ρ_0（參照第6.4節），則宇宙的年齡，亦即開始膨脹之後的時間 t，可記為

$$\rho = \rho_0 時 \quad : t \sim \frac{2}{3} \times \frac{1}{H}$$

如果宇宙的密度 ρ 比臨界密度 ρ_0 大，則宇宙的年齡比它小，可記為

$$\rho > \rho_0 時 \quad : 0 < t < \frac{2}{3} \times \frac{1}{H}$$

如果宇宙的密度 ρ 比臨界密度 ρ_0 小，則宇宙的年齡比它大，可記為

$$\rho < \rho_0 時 \quad : \frac{2}{3} \times \frac{1}{H} \quad t < \frac{1}{H}$$

讓我們假設現在的宇宙密度接近臨界密度，再利用現在的哈伯常數 H_0 來推定現在的宇宙年齡 t 看看吧！設哈伯常數 $H_0 = 50$，亦即每100萬秒差距（約 3×10^{19} 公里）秒速50公

圖像所示為「哈伯極深空」的區域，
可看到許多非常遙遠的星系。

里，則宇宙的年齡 t 為

$$t \sim \frac{2 \times 3 \times 10^{19}}{3 \times 50}$$
$$\sim 4 \times 10^{17} \text{（秒）}$$
$$\sim 1.3 \times 10^{10} \text{（年）}$$

大約130億年，和星系的年齡幾乎一致。但是，如果設哈伯常數 $H_0 = 100$，則宇宙的年齡大約為60億年，宇宙的年齡要遠比星系的年齡還要輕，這就發生了矛盾。如果設哈伯常數 $H_0 = 71$，則宇宙的年齡大約為80億年，還是太低了。

宇宙自從大霹靂以來，並非始終以一定的速度在膨脹。由於重力的影響，膨脹的速度越來越慢。換句話說，哈伯常數 H 其實並不是一個固定的數，而是會隨著時間而越來越小。我們使用「減速參數 q_0」來表示宇宙膨脹的減速程度。此為哈伯常數的倒數，亦即 $\frac{1}{H}$ 的時間變化的概略值。減速參數的值和宇宙臨界密度 ρ_0 宇宙實際平均密度 ρ 之間，具有

$$q_0 = \frac{1}{2} \cdot \frac{\rho}{\rho_0}$$

的關係。當減速參數 q_0 小於0.5的時候，亦即減速率小的時候，宇宙會呈現無限寬廣的開放空間，永遠持續膨脹下去。另一方面，當減速參數 q_0 大於0.5的時候，宇宙會在某個時候轉為收縮，變成大小有限的封閉空間。

目前，科學家計算出來的哈伯常數 $H_0 = 71$，宇宙年齡是138億年。這顯示出，哈伯常數在宇宙初期曾經一度減少（膨脹減速），但從中途又開始增加。換句話說，宇宙在中途克服了重力而加速膨脹，這真是太奇妙了！宇宙加速膨脹的起因，是暗能量這個尚未闡明的壓力所導致。科學家認為，宇宙將會一直加速膨脹下去，絕不可能再回復原始的狀態。

就能量密度的占比來說，產生重力的物質只占全體的4.9%，暗物質占有27%，暗能量則占了68%之多。

宇宙的「自由落下」及其加速

牛頓定律和廣義相對論都指出，宇宙中的一切東西都會受到重力（引力）的作用。因此，如果把宇宙當成一個天體，順其自然，那麼宇宙會表現出什麼樣的行為呢？就讓我們來想想看吧！

把整個宇宙當成一個球體，設它的全部質量為 M，密度為 ρ，半徑為 R，則質量可記為 $M = (4\pi R^3 \rho) \div 3$。假設這個球體因為宇宙膨脹而正在持續擴大，這麼一來，位於半徑 R 裡面的全部物體，亦即宇宙全體，會被重力施以加速度

$$\ddot{R} = -\frac{GM}{R^2}$$

企圖把它往中心拉回去。這是單純的微分方程式，現在設 R 與 at^n（a、n 為常數）成正比，把它代入這個式子，可以得到

$$R = \left(\frac{9GM}{2}\right)^{\frac{1}{3}} t^{\frac{2}{3}} \tag{6.1}$$

這個單純的式子。

在這裡，我們來思考一下宇宙的膨脹率，亦即哈伯常數吧！它的觀測值為 $H = 71\text{km} \cdot \text{s}^{-1} \cdot \text{Mpc}^{-1}$。哈伯常數與現在的半徑 R 處的膨脹率相等，可以記成

$$H = \frac{\dot{R}}{R} = \sqrt{\frac{4\pi G\rho}{9}}$$

宇宙的年齡，亦即膨脹的時間尺度，可以利用「膨脹率（＝哈伯常數）的倒數」進行概算。也就是

$$t \sim \frac{1}{H} \sim \sqrt{\frac{9}{4\pi}} \sqrt{\frac{1}{G\rho}}$$

讓我們回憶一下吧！以太空船來說，$1 \div \sqrt{G\rho}$ 這個時間，就是密度 ρ 的球體自由落下時間。換句話說，把宇宙的時間尺度想成是一個密度非常稀薄之巨大天體的自由落下時間就行了。把觀測所得到的哈伯常數71 $\text{km} \cdot \text{s}^{-1} \cdot \text{Mpc}^{-1}$ 代入這個式子，可以得出 $t \sim H^{-1} \sim 132$億年，十分接近實際的測定值138億年。

關於宇宙的密度，也是把 M 用密度和半徑

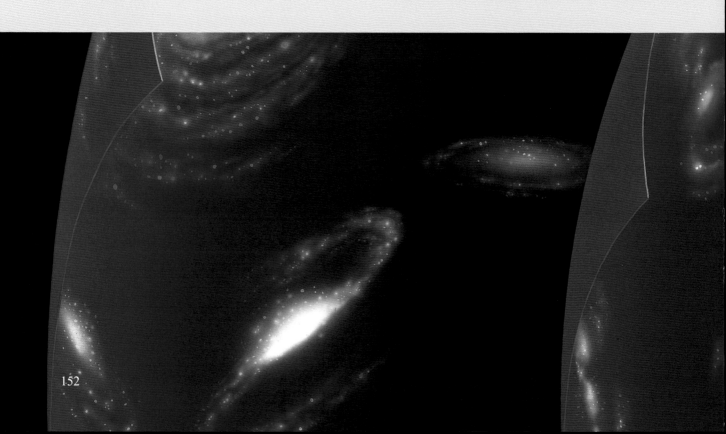

來表示，再稍微變形一下，可以得到

$$\rho = \frac{9}{4\pi G}H^2$$

它的值大約為 $\rho \sim 5 \times 10^{-29}$ g·cm^{-3}。這個值稱為宇宙膨脹的臨界值。現在觀測到的宇宙密度大致上接近這個值。而密度（宇宙的質量）有一大半是暗物質。

　　宇宙膨脹的樣態依宇宙平均密度 ρ 的大小而截然不同。如果密度比臨界值大，則重力也比較大，所以宇宙膨脹會逐漸減速到最後終於停止，然後反轉為收縮，回溯大霹靂的過程而縮成一個火球點。根據廣義相對論，由於重力的關係，這種宇宙的空間曲率為正，宇宙的大小為有限的空間。這樣的宇宙即稱為「封閉宇宙」。

　　另一方面，如果密度比臨界值小，則無法停止膨脹而永遠繼續擴張下去。這種宇宙的曲率為負，空間無限延伸，這樣的宇宙便稱為「開放宇宙」。

　　介於這兩者之間，密度等於臨界值時，宇宙的曲率為零，亦即空間是一片平坦。這幾種狀況（封閉宇宙、平坦宇宙、開放宇宙）的宇宙模型，都是宇宙在做著自由落下或自由分離的

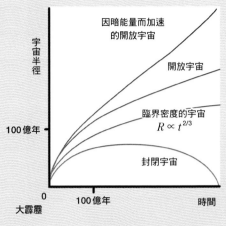

宇宙模型與膨脹的樣態

膨脹運動。無論哪一種模型，哈伯常數（膨脹率）都是隨著時間的經過而逐漸減少。

　　但是，根據近年來的觀測，我們逐漸明白，除了重力之外，還有另一種斥力，亦即正的加速度，會影響宇宙的膨脹。這意味著愛因斯坦的廣義相對論中宇宙方程式的積分常數「Λ 項」具有正的值。這種宇宙模型的膨脹速度會加速，哈伯常數隨著時間而增加。促使膨脹加速之斥力的根源，可能就是迫使宇宙擴張的壓力，稱為「暗能量」。

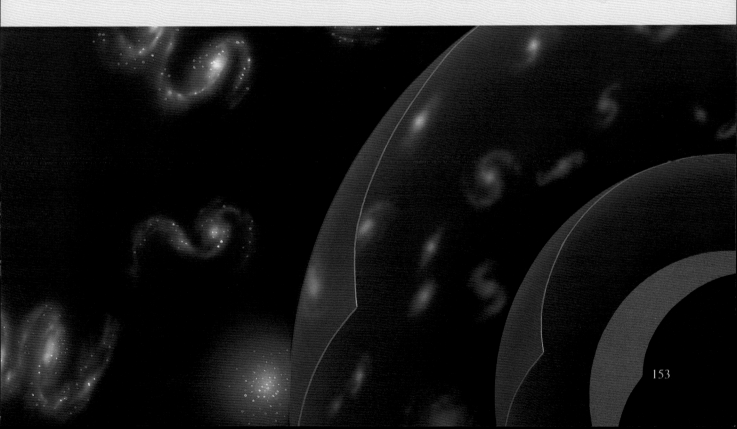

從火球宇宙到現在的星系宇宙

到這個章節為止，我們已經從地球開始，把恆星、星際空間、銀河系（銀河）、星系、星系團以及宇宙整體等各個階層的天體都瀏覽過一遍了。現在，我們再次回顧一下整個宇宙的樣貌吧！在下圖中，我們採用先前在說明太陽系的盡頭時曾經用過的方法，使用對數刻度來表示宇宙的尺度（半徑）。

宇宙是我們進行觀測時所能看到的最大天體。它的半徑（視界），依照現在的測定是138億光年。超出這個半徑的另一側，由於宇宙膨脹造成的紅移，把波長無限地拉長，所以理論上無法觀測到。

「火球宇宙」的壁

138億光年是理論上無法觀測的界限，而我們能觀測的最遠地點，是從這個界限往我們這側靠近37萬光年的地方。以宇宙的尺度來看，這個界限和已觀測地點之間的距離微小到無法分辨。因從宇宙深處傳來的光能讓我們觀測到其位置。反過來思考，就是我們能夠獲得其資訊的最遠地點。

這個地點稱為「3K宇宙微波背景輻射壁」。宇宙從大霹靂高溫高壓的火球開始膨脹，之後隨即開始冷卻。當溫度下降到10萬 K 時，光開始從物質之中脫離出來，在宇宙內部自由自在地奔馳。這個時間點相當於大霹靂的37萬年後。那時，也是10萬 K 的光和物質混雜而成的壁向我們展現其姿態的時候。

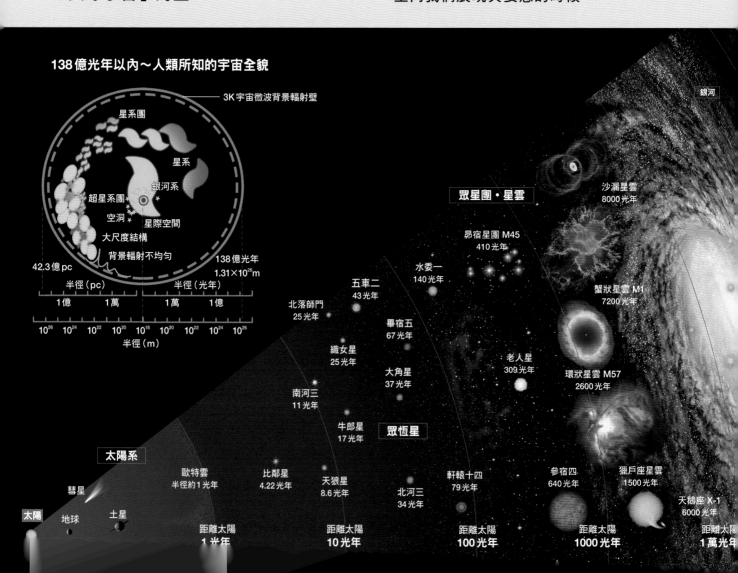

138億光年以內～人類所知的宇宙全貌

這道宇宙誕生37萬年後達10萬 K 的壁，由於宇宙膨脹造成的紅移，現在從地球上觀測到的溫度已經變成3K，這道3K壁放出來的黑體輻射，稱為「宇宙微波背景輻射」。

星系在暗物質的網眼上成長

接著，10萬 K 的宇宙繼續膨脹，溫度越來越低，於是各個地方的物質開始藉由重力集結成為團塊。但是，支配重力的東西，不是一般的物質或光，而是暗物質。

暗物質發生重力不穩定，成長為巨大的天體，原子等物質也被它的重力吸引過來，掉下重力的谷底。就這樣，在整個宇宙中成長出網眼般構造的「**大尺度結構**」，網眼之間的空隙稱為「**空洞**」。

在大尺度結構之中，進一步形成暗物質的團塊，這些團塊把物質集結起來，誕生了星系。這些星系又集結成為星系團或星系群。

這些星系在138億年的期間持續成長、逐漸演化，仙女座星系及我們所在的銀河系，都是其中之一。

宇宙正在加速膨脹中

根據現在的觀測和理論，宇宙仍在繼續膨脹之中。而且，科學家認為由於近年來逐漸闡明的「暗能量」存在，促使宇宙更加速膨脹，永遠也不會回復原來的狀態了。

假設我們再晚1000億年出生的話，宇宙將會膨脹到現在半徑的好幾倍，星系和星系團之間的距離更遙遠，而宇宙微波背景輻射也降到0.3K，變成一個幽暗的極低溫世界。

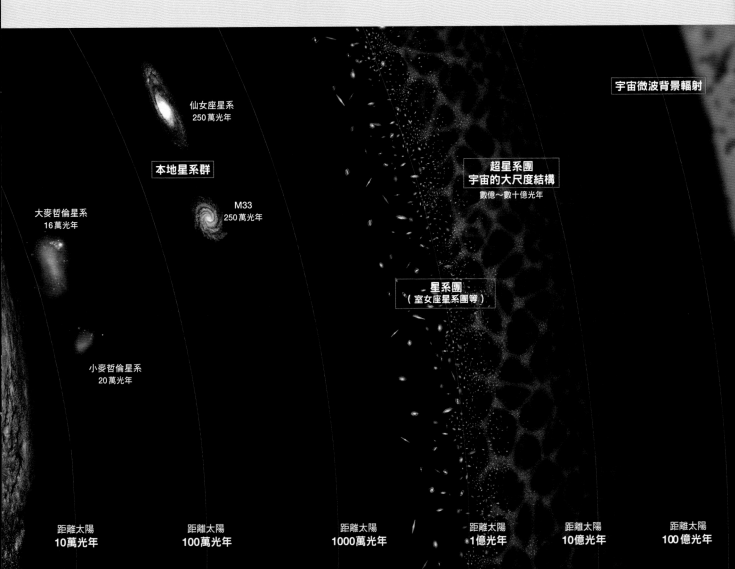

宇宙微波背景輻射

仙女座星系
250萬光年

本地星系群

M33
250萬光年

大麥哲倫星系
16萬光年

小麥哲倫星系
20萬光年

超星系團
宇宙的大尺度結構
數億～數十億光年

星系團
（室女座星系團等）

距離太陽
10萬光年

距離太陽
100萬光年

距離太陽
1000萬光年

距離太陽
1億光年

距離太陽
10億光年

距離太陽
100億光年

天文學是極致的歷史學

我們已經清楚瞭解到理論上能觀測到的宇宙最邊緣。透過本書，登上從地球起步的「宇宙階梯」，一步一步來到了宇宙的盡頭。

截至目前為止，我們經常使用「光年」這個距離單位。「光」和「時間」特別能彰顯天文學和宇宙論的特質。天文學是探討位於遙遠天體的學問。由於光的速度有其限度，所以天文學也是種隨著距離回溯時間而進行研究的學問。138億光年遠處的宇宙狀態，就是宇宙初始的樣貌。

宇宙中有無數的星系，活靈活現地展示著幾億年前、幾十億年前星系的面貌。和歷史學、考古學不一樣，我們能夠親眼目睹天地初開的真實場景。因此，天文學也可以說是「極致的歷史學」吧！

紅移、年齡和宇宙半徑

從位於宇宙論所及距離處之天體傳來的光，由於宇宙膨脹的緣故，光的波長會被拉長；以顏色來說，就是往紅色偏移。表示這個波長偏移的量稱為「**紅移**」，記成 z。設天體發出的波長為 λ_0，觀測到（抵達我們）的波長為 λ，則紅移可記成

$$\frac{\lambda}{\lambda_0} = 1 + z$$

波長的偏移 $\Delta\lambda = \lambda - \lambda_0$ 非常小的時候，會成為和都卜勒效應相同的式子：

$$z = \frac{\Delta\lambda}{\lambda} = \frac{v}{c}$$

除此之外，透過哈伯常數 H，v 和距離 d 之間會成立

$$v = Hd$$

的關係。

根據物理學的定律，宇宙的溫度 T 和現在宇宙微波背景輻射的溫度 T_0 之間成立

$$\frac{T}{T_0} = 1 + z$$

的關係。光出發時的宇宙半徑 R 和現在的宇宙半徑 $R_0 = 138$億年之間，成立

$$\frac{R}{R_0} = \frac{1}{1 + z}$$

的關係。宇宙的大概年齡 t 可利用

$$t = 138億年\left(\frac{R}{R_0}\right)^{\frac{3}{2}} = \frac{138億年}{(1 + z)^{\frac{3}{2}}}$$

這個式子進行計算。

我們可以很簡單地導出年齡和半徑的關係。天體藉由重力而固結形成時的情景，在第5.10節已經說明過了。當時，曾經導出天體（此處為宇宙）受到萬有引力吸引而收縮的時間，亦即自由落下時間。這個時間為

$$t \sim \frac{1}{\sqrt{G\rho}}$$

這裡的 ρ 為密度，與體積（$\propto R^3$）成反比（$\rho \propto 1/R^3$）。因此，利用這一點，可以導出 $t \propto R^{\frac{3}{2}}$ 的關係。

自由落下時間是把自由膨脹（擴張）的運動逆向回溯，所以宇宙膨脹的時間會和自由落下時間相同。例如把一塊石頭從手上往上丟，其飛到頂點的時間會和落回的時間相同，也是同樣的道理。

在大霹靂後，物質和光分離而成為「宇宙放晴」時，宇宙微波背景輻射的溫度 $T = 3000$ K。因此，宇宙微波背景輻射的紅移是

$$1 + z = \frac{T}{T_0} = \frac{3000}{2.7} = 1100$$

利用這個紅移，求出宇宙微波背景輻射被放

射出來時的宇宙半徑為

$$R = \frac{138億年}{1100} = 1200萬光年$$

而當時的宇宙年齡為

$$t = \frac{138億年}{(1100)^{\frac{3}{2}}} = 38萬年$$

這是人類所知道的最初期宇宙年齡，也是所能見證的最古老歷史瞬間。

　　比這更早之前的宇宙，可以從理論上加以了解，但因為那裡發出的光並沒有抵達我們這邊，所以還無法觀測到。藉由微中子及重力波等的觀測，或許能夠直接看到。

從星系到銀河系，都是超現代的宇宙樣態

　　接著，我們來看看稍微近一點的天體——星系吧！現在所發現最遙遠的星系，它的紅移大約為$z = 7$。利用上式可以算出R大約為17億光年，表示這個天體從宇宙視界向我們跨近了一步。與我們之間的距離為138－17＝121億年。這個星系的年齡就是當時的宇宙年齡，所以，

$$t = \frac{138億年}{(1+z)^{\frac{3}{2}}} = \frac{138億年}{8^{\frac{3}{2}}} = 6億歲$$

由此可知，這個星系是在大霹靂的數億年後才誕生。

位於更近處的星系，由於退行速度v比光速c小，所以紅移為$z = v/c$。例如，后髮座星系團中星系的退行速度大約為秒速9000公里，所以紅移$z = 0.03$，亦即從星系傳來的光波長往紅色端偏移約3%。利用哈伯常數，求出距離為

$$d = \frac{9000}{67} = 130\text{Mpc} = 4億光年$$

時間為4億年前，年齡約134億歲。
　　而仙女座星系和我們居住的銀河系，都是沒有紅移的世界，年齡為138億歲。我們的星系歷經了長久的歲月逐漸成長，達到最新的演化成果，展現出最現代的宇宙樣態。

尾聲

　　各位，宇宙的什麼樣態最吸引你呢？太古的宇宙或大霹靂的樣貌？星系長達138億年的歷史及演化？或者是到達演化頂點的現今銀河系及黑洞，以及在其中閃耀的恆星和太陽，還有行星呢？
　　本書不是藉由夢想或想像，而是透過實際的計算來看宇宙，是不是讓宇宙成為非常真實呢？銀河系和宇宙提供了生命孕育生長的環境，為人類的起源，如果能夠藉由日常的物理，讓各位更加認識它們，這將是我們最大的喜悅。　　　　　　　　　　　　　🪐

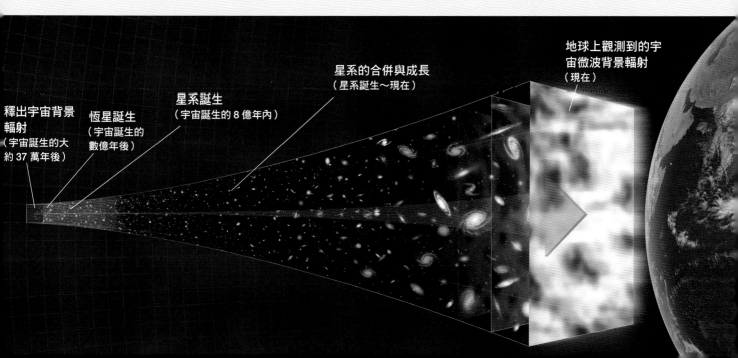

釋出宇宙背景輻射
（宇宙誕生的大約37萬年後）

恆星誕生
（宇宙誕生的數億年後）

星系誕生
（宇宙誕生的8億年內）

星系的合併與成長
（星系誕生～現在）

地球上觀測到的宇宙微波背景輻射
（現在）

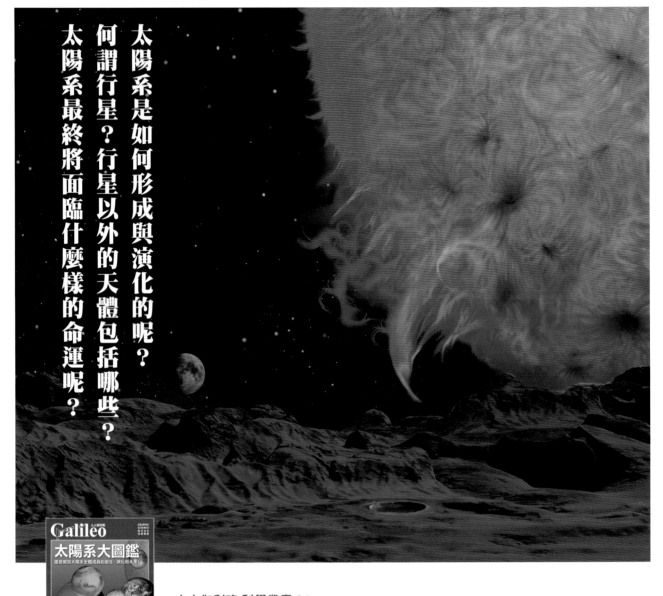

太陽系是如何形成與演化的呢？
何謂行星？行星以外的天體包括哪些？
太陽系最終將面臨什麼樣的命運呢？

Galileo
太陽系大圖鑑
徹底解說太陽系全體成員的誕生、演化和未來！

人人伽利略 科學叢書 01

太陽系大圖鑑

徹底解說太陽系的成員以及從誕生到未來的所有過程！　　　　售價：450元

　　一提到太陽系，就會想到水星、金星、地球、火星、木星、土星、天王星、海王星此八大行星，以及在2006年被歸入「矮行星」之列的冥王星。然而太陽系並非僅由太陽和行星、矮行星所組成。所謂太陽系係指「太陽以及直接或間接圍繞太陽運動的所有天體」，就連直徑僅數公尺的岩石、歷經數百萬年才會繞行太陽一周的彗星也都包括在太陽系之內。

　　本書除介紹構成太陽系的成員外，還藉由精美的插畫，從太陽系的誕生一直介紹到末日，可說是市面上解說太陽系最完整的一本書。在本書的最後，還附上與近年來備受矚目之衛星、小行星等相關的報導，以及由太空探測器所拍攝最新天體圖像。我們的太陽系就是這樣的精彩多姿，且讓我們來一探究竟吧！

【 人人伽利略系列 10 】

用數學了解宇宙
只需高中數學就能計算整個宇宙！

作者／日本NEWTON PRESS
執行副總編輯／賴貞秀
翻譯／黃經良
校對／陳育仁
審訂／陶蕃麟
發行人／周元白
出版者／人人出版股份有限公司
地址／23145 新北市新店區寶橋路235巷6弄6號7樓
電話／（02）2918-3366（代表號）
傳真／（02）2914-0000
網址／www.jjp.com.tw
郵政劃撥帳號／16402311 人人出版股份有限公司
製版印刷／長城製版印刷股份有限公司
電話／（02）2918-3366（代表號）
經銷商／聯合發行股份有限公司
電話／（02）2917-8022
香港經銷商／一代匯集
電話／（852）2783-8102
第一版第一刷／2020年5月
第一版第二刷／2022年6月
定價／新台幣350元
　　　港幣117元

國家圖書館出版品預行編目（CIP）資料

用數學了解宇宙：只需高中數學就能計算整個宇宙！
日本NEWTON PRESS作：黃經良翻譯. -- 第一版. --
新北市：人人, 2020.05
面；公分. —（人人伽利略系列；10）
譯自：数学でわかる宇宙：高校数学だけで宇宙を
計算しつくそう!
ISBN 978-986-461-214-7（平裝）
1.宇宙

323.9　　　　　　　　　　　　　　109005230

数学でわかる宇宙編
Copyright ©Newton Press,Inc. All Rights Reserved.
First original Japanese edition published by Newton Press,Inc. Japan
Chinese (in traditional characters only) translation rights arranged with Jen Jen Publishing Co., Ltd
Chinese translation copyright © 2020 by Jen Jen Publishing Co., Ltd.

Staff

Editorial Management	木村直之
Editorial Staff	疋田朗子

Photograph

15	Earth Science and Remote Sensing Unit,NASA Johnson Space Center
17	NASA's Scientific Visualization Studio
19	NASA/JSC
41	NASA,ESA, and AURA/Caltech
49	NASA/SAO/CXC
60	KAZMAT/shutterstock.com
63	Adam Block and Tim Puckett.
67	P.Horálek / ESO
70	ESO, NASA, ESA/Hubble and the Hubble Heritage Team
71	NASA, ESA, and The Hubble Heritage Team (STScI/AURA)
73	ESO
75	Adam Block and Tim Puckett.
78	NASA/CXC/SAO
79	Rogelio Bernal Andreo, 祖父江義明
81	NASA/JPL-Caltech/Harvard-Smithsonian CfA,NASA/ESA and The Hubble Heritage Team (STScI/AURA)
82	NASA/ESA and B. Reipurth (CASA, Univ. of Colorado), NASA/JPL-Caltech/Harvard-Smithsonian CfA
83	NASA, ESA, Zolt Levay (STScI), NASA, ESA, and the Hubble Heritage Team (STScI/AURA)
86-87	ESA, Gaia, DPAC
87	E. L. Wright (UCLA), COBE, DIRBE, NASA, MPIfR. Image by P. Reich, based on C.G.T. Haslam et al. 1982, A&AS 47, 1.
88	NASA Goddard Space Flight Center
97	祖父江義明
99	S. Digel and S. Snowden (GSFC), ROSAT Project, MPE, NASA, ESA/Planck Collaboration (microwave); NASA/DOE/Fermi LAT/Dobler et al./Su et al. (gamma rays), Image courtesy of NRAO/AUI, NASA/JPL-Caltech/ESA/CXC/STScI
101	NASA/CXC/Amherst College/D.Haggard et al.
103	UCLA Galactic Center Group - W.M. Keck Observatory Laser Team
104	Sofueら2018の論文より転載
105	"Planck Collaboration, et al., 2015, AA 576, A104-105105, ESA and the Planck Collaboration"
106	祖父江義明
107	NASA, ESA, S. Beckwith (STScI) and the Hubble Heritage Team (STScI/AURA)
112	www.sdss.org
113	NASA/ESA/Hubble Heritage Team/STScI/AURA, NASA, ESA, and P. Goudfrooij (STScI), Adam Block/Steve Mandel/Jim Rada and Students/NOAO/AURA/NSF, Stefan Seip/Adam Block/NOAO/AURA/NSF, NASA, ESA, CFHT, NOAO, Michael and Michael
	McGuiggan/Adam Block/NOAO/AURA/NSF, Thomas and Gail Haynes/Adam Block/NOAO/AURA/NSF, ESO
118-119	Robert Gendler
122	NASA, ESA, S. Beckwith (STScI), and the Hubble Heritage Team (STScI/AURA)
124	NASA, ESA and the Hubble Heritage Team (STScI/AURA)
126	学研／アフロ, NASA, ESA, and the Hubble Heritage Team
127	Terra Satellite, EOS, NASA, NASA, ESA, S. Beckwith (STScI), and the Hubble Heritage Team (STScI/AURA)
128	Sofue and Tsuda 論文（準備中）より転載, NASA and ESA
129	Sofue and Tsuda 論文（準備中）より転載, ESO
130-131	NASA, ESA, and the Hubble Heritage (STScI/AURA)
132-133	ESO/WFI (Optical); MPIfR/ESO/APEX/A.Weiss et al. (Submillimetre); NASA/CXC/CfA/R.Kraft et al. (X-ray)
139	NASA; ESA; G. Illingworth, D. Magee, and P. Oesch, University of California, Santa Cruz; R. Bouwens, Leiden University; and the HUDF09 Team
150-151	NASA; ESA; G. Illingworth, D. Magee, and P. Oesch, University of California, Santa Cruz; R. Bouwens, Leiden University; and the HUDF09 Team

Illustration

Cover Design	デザイン室 宮川愛理（イラスト：Newton Press）
3	Newton Press
4	Newton Press, 黒田清桐, Newton Press
8	吉原成行
11	Newton Press
12~13	岸野敏彦
14	Newton Press
16	岸野敏彦
19	Newton Press
20~21	岸野敏彦
22	Newton Press
23	荒内幸一
24	小林 稔
25	荒内幸一
26	デザイン室 羽田野乃花
27~29	Newton Press
31	吉原成行・Newton Press
33~34	Newton Press
35	デザイン室 羽田野乃花
37	Newton Press
38	デザイン室 吉増麻里子
39	Newton Press
42	デザイン室羽田野乃花, Newton Press
43~47	Newton Press
49	菊地 誠
50~52	Newton Press
53~54	菊地 誠
55	Newton Press
56~57	デザイン室 羽田野乃花
58	菊地 誠,Newton Press
59	Newton Press 前ページと続き
61	デザイン室 吉増麻里子
65	デザイン室 羽田野乃花, Newton Press, 小林 稔
66	デザイン室 羽田野乃花
69	黒田清桐
70~76	デザイン室 羽田野乃花
77	Newton Press
78~80	デザイン室 羽田野乃花
85~91	Newton Press
92~93	菊地 誠
94	デザイン室 吉増麻里子
95	Newton Press, デザイン室 羽田野乃花, デザイン室 吉増麻里子
96	デザイン室 吉増麻里子
98~100	デザイン室 吉増麻里子
103	Newton Press
105~106	デザイン室 吉増麻里子
108-109	Newton Press［星雲と恒星：NASA, ESA and Jesús Maíz Apellániz (Instituto de Astrofísica de Andalucía, Spain). Acknowledgement: Davide De Martin (ESA/Hubble)], （電波望遠鏡）吉原成行, （隕石衝突）荻野瑶海
111	吉原成行
112~115	Newton Press
116-117	門馬朝久
120	デザイン室 吉増麻里子, Newton Press
121	デザイン室 吉増麻里子
122	祖父江義明
125	吉原成行
130	デザイン室 吉増麻里子
132	デザイン室 羽田野乃花
134~137	Newton Press
140-141	吉原成行
142~145	Newton Press
147	奥本裕志
148	岸野敏彦
149	Newton Press
152-153	青木 隆
154	デザイン室 羽田野乃花
154-155	Newton Press
157	Newton Press（雲：NASA Goddard Space Flight Center Image by Reto Stöckli (land surface, shallow water, clouds).Enhancements by Robert Simmon (ocean color,compositing, 3D globes, animation). Data and technical support: MODIS Land Group; MODIS Science Data Support Team; MODIS Atmosphere Group; MODIS Ocean Group Additional data: USGS EROS Data Center (topography); USGS Terrestrial Remote Sensing Flagstaff Field Center (Antarctica); Defense Meteorological Satellite Program (city lights), 地球：Reto Stöckli, NASA Earth
表1	Newton Press
表4	Newton :Press